中国式有机农业
（设施蔬菜持续高产高效关键技术研究与示范项目成果、
河南省大宗蔬菜产业技术体系专项资助）

有机黄瓜
高产栽培流程图说

陈碧华　　马新立　著

科学技术文献出版社
SCIENTIFIC AND TECHNICAL DOCUMENTATION PRESS
·北京·

图书在版编目（CIP）数据

有机黄瓜高产栽培流程图说 / 陈碧华，马新立著 . –北京：科学技术文献出版社，2013.9

（中国式有机农业）

ISBN 978-7-5023-7683-3

Ⅰ . ①有… Ⅱ . ①陈… ②马… Ⅲ . ①黄瓜 – 蔬菜园艺 – 无污染技术 – 图解 Ⅳ . ① S642.2–64

中国版本图书馆 CIP 数据核字（2012）第 314104 号

有机黄瓜高产栽培流程图说

策划编辑：周国臻　责任编辑：周国臻　责任校对：梁桂芬　责任出版：张志平

出　版　者	科学技术文献出版社	
地　　　址	北京市复兴路15号　　邮编100038	
编　务　部	（010）58882938，58882087（传真）	
发　行　部	（010）58882868，58882874（传真）	
邮　购　部	（010）58882873	
官 方 网 址	http://www.stdp.com.cn	
发　行　者	科学技术文献出版社发行　　全国各地新华书店经销	
印　刷　者	北京金其乐彩色印刷有限公司	
版　　　次	2013 年 9 月第 1 版　　2013 年 9 月第 1 次印刷	
开　　　本	850×1168　　1/32	
字　　　数	54千	
印　　　张	3.375	
书　　　号	ISBN 978-7-5023-7683-3	
定　　　价	16.00元	

　　2009 年 10 月 13 日，全国人大常委会副委员长、民建中央主席陈昌智（中），在民建山西省委主委、太原国宾馆董事长、山西省政协副主席王宁（左一后），运城市人大常委会副主任李景发（左一前）等陪同下，到山西省新绛县视察调研有机蔬菜生产和食品供应安全情况

　　2012 年 10 月 15 日，国务院《三农发展内参》办公室主任董文奖（右二）与中国农科院研究员刘立新（左二）、山西临汾市尧都区汾河氨基酸厂厂长王天喜（左一）在该厂考察生物技术设备、生产用菌剂，并了解用生物技术种植农作物等实际情况

2013 年 6 月 26 日，"中国式有机农业优质高产栽培技术"成果在北京通过鉴定，被评为"国内领先科技成果"。图为鉴定会全体人员

2013 年 6 月 26 日，"中国式有机农业优质高产栽培技术成果"被评为"国内领先科技成果"。图为地力旺生物复合菌剂与生产设备发明人王天喜和供港基地董事长光立虎在评审会上

　　2010 年 11 月 3 日,马新立(右一)与台湾两岸农业发展有限公司董事长翟所强(右三)、国家可持续发展委员会会员魏志远(右二)讨论生物有机农业技术

　　2012 年 10 月 9 日,全国人大副委员长路甬祥邀临汾市尧都区氨基酸厂董事长王天喜到北京汇报生物有机农业技术。图为路甬祥秘书韩树宏与王天喜谈生物有机农业技术成果

河南科技学院教授王广印深信生物技术五要素在农业生产上的作用。自 2009 年以来，在河南推广应用面积达 200 公顷，取得明显的增产效果

山西临汾市尧都区汾河氨基酸厂总经理刘青（右二，13700583151），与陕西省土肥专家田家驹（左二）、陕西省农业技术推广总站研究员司纲纪（右一），在陕西省永春县甘林镇南邵村马志海大棚内，观察苗期用地力旺 EM 生物菌液蘸根和叶面喷洒后，秧子没有病虫害。果大、色艳、口感好，较化学技术增产 83%

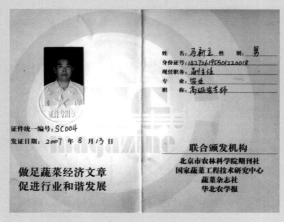

2007 年 8 月 13 日，马新立被北京《蔬菜》杂志聘为科技顾问

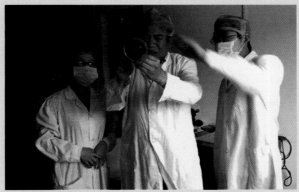

山西省临汾汾河氨基酸厂厂长王天喜（0357-2682734,15296780003）与团队科研人员在提肥复壮益生菌，由一般水平高密度菌每克含量 5 亿左右提高到每克含量 1000 亿，农业生产用菌由一般的 2 亿提升到 20 亿以上，在农业生产应用上取得十分优异的效果

山西省新绛县发展生物有机蔬菜被列为供
港蔬菜基地，2008 年 12 月 16 日，被山西省
进出口检验检疫局认定为符合出口植物源性食
品原料种植基地，并发了备案证书

作者之一马新立设计的生态温室 2011 年 10 月
19 日被国家知识产权局授予实用新型专利——
种长后被要北墙日光温室

2005 年 12 月 28 日，山西省新绛县作物有
机认证面积达 3133 公顷，蔬菜产品行销日本、
美国、俄罗斯、韩国等 6 个国家及我国港澳地区

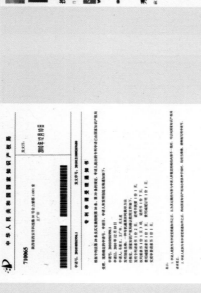

马新立研究的生物集成技术——一种有机蔬菜的田间栽培方法，2010 年 12 月 10 日，被中华人民共和国国家知识产权局受理为发明专利。2011 年 8 月 3 日通过互联网向全世界公布

2011 年 3 月，"马新立牌有机蔬菜" 在中华全国供销合作总社组织的"秀山特产杯" 2010 "中国具有影响力合作社产品品牌" 评选中，排名第七

山西省临汾汾河氨基酸厂生物菌发酵装置

前言 *Preface*

现今，国内外对食品安全的要求十分迫切，但普遍认为有机农业是不用化肥和化学农药的，作物产量受到影响会下降20%～50%。而用化学技术（化肥和农药等）生产的农产品污染严重，这一点是肯定的，而且已给人类造成极大的威胁和灾难。欧美地区采用的以轮作倒茬为中心的有机食品模式生产，即准备生产1亩地（667平方米）有机农作物，就需安排3亩地（2000平方米）的耕地，田间管理不施任何生产物资，靠自然生长产量低得可怜。

20世纪末，笔者亲见报端，在德国黄瓜667平方米产达5万千克，可信，但遥不可及，因为我国广大农民投资不起可以自动控温、补光、供营养的现代化连栋温室。

笔者经过几年的研究，运用生物有机营养理论，整合当今科技成果，提出了碳素有机肥+益生菌（二者结合为生物有机肥，此肥料能使土壤和植物营养平衡，使作物不易被染病害，可避虫，能打开植物次生代谢功能，提高品质和产量）+天然矿物钾（使作物膨果、提高品质的营养元素）+植物诱导剂（提高光合强度和作物的特殊抗逆性)+植物修复素(愈合病虫害伤口,提高根部活力)技术。按此技术操作,不存在连作障碍,几乎不考虑病虫害防治,在任何地区选用任何品种,均可比目前用化学技术提高产量0.5~3倍。

在不施任何化学合成肥料和农药的前提下,在鸟翼形长后坡矮后墙生态温室内,黄瓜667平方米一年两茬产1.5万~2万千克,收入6万~7万元,并符合国际有机食品标准要求。此技术的推广应用,不仅能降低成本,提高收益,又可提供安全风味食品,从而保证人们的身心健康,也为实现党中央、国务院提出的2002年较2010年农村经济收入翻番开启了一条发展之路。

这项技术2010年被中华人民共和国国家知识产权局认定为发明专利,2011年8月3日正式向世界公布。2012年6月6日,国务院《三农发展内参》办公室主任董文奖与中国农业科学院研究员刘立新亲临山西省新绛县调研。调查认为:新绛县科技人员研究的这种模式系中国式有机农业技术。现将生产过程总结、整理、集结成书,以期能对我国乃至世界三农经济发展和食品安全供应起到积极的作用。敬请读者在应用中提出宝贵意见。

马新立 电话:0359-7600622

目 录 *Contents*

概论 中国式有机农业理论实践与展望

第一章
有机栽培技术流程及应用实例图说

第二章 科学依据

附　录

概　论　中国式有机农业理论实践与展望

　　山西临汾盆地中孕育的神奇沃土——新绛（古称绛州），位于"晋冀鲁南、黄淮流域"（国家规划中设施农业发展的最佳地理范围），是全国果菜十强县、全国食品安全示范县。在这里诞生的引人注目的中国式有机农业，延续了中国悠久的有机肥种植历史，吸收了国内外多种先进种植理念，以土壤营养归还学说为理论基础，立足于中国人口多，土地资源有限的国情，走出了属于自己的创新之路。它以五大创新要素（碳素有机肥+农用益生菌+天然矿物调理肥+植物诱导剂+植物修复素）和十二平衡为核心，操作便捷，可持续发展，其产品风味与西方的要求相同，产量却比施用化肥种植高0.5～2倍，真可谓好吃不贵。中国式有机农业所产的优质食品，必将成为全世界普通百姓吃得起的安全食品。

　　现在让我们回顾一下中国式有机农业的形成发展之路，来说明为什么不能照搬西方有机农业模式。西方有机农业模式，一是轮作倒茬；二是不用任何肥料；三是以牺牲产量为代价，追求食品质量安全。其农业理念即不计成本地维持原始生态种植，没有认识到生物集成创新高产栽培模式的可行性，没有考虑到开启植物次生代谢途径的重要性，也没有为作物生长补充其必需的足够营养，从而制约了产量和农业的发展。

1992年，本书作者之一马新立在山西省新绛县政协会上提出了发展蔬菜经济的提案，得到县委的广泛认可，新绛县蔬菜局随之成立；10年间，在立足有机肥和化肥农药的基础上，马新立潜心研究无公害高产技术，使商品菜的面积由1991年的20公顷发展到2002年的11 000公顷，西红柿、茄子、辣椒、黄瓜年667平方米产量均徘徊在0.7万～1万千克；2003年，马新立又开始研究生物集成栽培有机高产技术，使商品菜面积发展到2012年的21 000公顷，西红柿、茄子、辣椒、黄瓜667平方米产量均达到1.5万～2万千克。

2002年，山西省芮城和临汾有了CM和EM益生菌产品，马新立得到一本《农用与环保微生物》（日本农业教授比嘉照夫1991年著），其中有几个新颖的观点：①"将EM复合生物菌开发利用起来，地球人口增长到100亿也不愁无食物可吃"。②应用生物技术"如果调查某一作物高产例子，就会发现不少是平均产量的2～3倍"。③"糙米产量每1000平方米超过1800千克"。④"生物有机肥能将无机氮（钾）有机化"。故马新立及其团队开始尝试在蔬菜生产上大量推广应用生物菌液，结果产量提高了30%～60%，解决了连作障碍即土传病问题，同时减轻了病虫草害。

此外，工作中研究人员还发现，虽然生物菌能使作物根深叶茂，但是有些作物不一定增产稳产。因为冬季光照弱，保护地内植株徒长严重，影响到产量。比嘉照夫著作中说："自然界作物高产利用太阳光能不足1%，如果提高1%，作物产量就可以翻番。"2003年市场上有了一种植物制剂，叫那氏778诱导剂，具有如下作用：①能增加根系；②能控秧抗逆；③能提高光利用率0.5～4倍。马新立及其团队将此成果吸收进来，应用在作物生产上，经过3年试验，证明可使作物不得病毒病，减少真、细菌病害感染，在6～7℃环境中不受冻（一般10℃就会受冻），产量提高30%～60%。

　　同时，日本专家资料表明，给作物田间施钾，大约78%被果实吸收，22%被茎秆吸收。另据《中国蔬菜》文摘说明，土壤含钾在240毫克/千克为高产浓度，而全国各地土壤中含量多在100毫克/千克以下。因此，马新立及其团队确立了"钾长果实，贮钾就是贮粮"的理念，在田间应用，丰果增产效应突出。

　　通过查阅我国和前苏联专家著作，马新立发现，保证作物生长的是碳、氢、氧（占作物体的96%）三大元素，而不同于现今社会上流行的氮、磷、钾（占作物体2.7%～4%）三大元素。可见主次倒置是产量难提高的重要原因之一。用碳素肥作为益生菌的食物来改良土壤，能使有机物以菌丝团的形态通过根系进入植物体，是为有机营养理论。益生菌又能从空气中吸收二氧化碳（含量300毫克/千克）和氮（含量79.1%），与碳素物结合可满足作物对氮素60%～80%的需要。如果在田间施入2000千克以上的鸡粪，含氮量可达1.62%左右，完全不需要再施氮素化肥；除钾以外，其他营养素由益生菌从土壤肥料和空气中挖掘吸收利用，作物就能实现优质、高产，从而降低投入，减少污染。之后，马新立及其团队进一步将"碳素有机肥＋生物菌＋天然矿物钾＋植物诱导剂＋植物修复素"五要素整合，应用在西红柿、茄子、辣椒、黄瓜等作物上，一茬667平方米产量均高达1万～

2万千克，一年可种2茬。因为不用化肥农药，所以产品自然属于有机食品。

2005年，此理论与实践上升到良法模式，马新立将打印稿交给中国农科院蔬菜所孙日飞参阅，他说："目前我国还没有有机蔬菜生产操作规范，我从你们这里看到了希望。"同年，马新立将《有机蔬菜良好操作规范》一稿交科学技术文献出版社出版，并在书上标注了电话号码，以了解全国各地读者用户反馈意见，之后获得了很好的反响。当年香港百利高公司黄华亭看书后到新绛考察，通过西行庄立虎有机蔬菜专业合作社，在此建立了20公顷供港蔬菜基地，用此办法生产的蔬菜，连续5年供港全部合格。2012年7月3日，港府食卫局局长宣布"供港山西（新绛有机蔬菜）食品合格率99.999%"，证明了该技术效果的真实性（国际日报、中评社、新华社、凤凰网、中国进出口网、《山西晚报》均做了报道）。

2012年6月6日，国务院《三农发展内参》办公室主任董文奖、中国农科院研究员刘立新到新绛考察蔬菜、小麦后认为，作物不用化肥农药，不但不减产，而且产量提高很多；不考虑轮作倒茬，农业可持续生产发展；在生产模式中用的益生菌和赛众28钾硅调理肥，具有打开植物次生代谢功能的作用，故产量高、品质好；与西欧栽培模式相比，真可谓是中国式有机农业。

在用生物技术四要素生产供港蔬菜的过程中研究人员发现，①在所选番茄品种"金石王子"的介绍中，提到单果预计重100克左右，而用生物技术单果竟然重达250～340克，增大1.5～2.2倍。②以色列、荷兰抗体外病毒的欧盾、欧北品种，每粒0.5元，2011—2012年用化学技术越夏栽培，几乎全部染病毁秧；而用生物技术种植的斗牛士品种，每粒0.1元，一次种植成功。③香港方面提供的长椰菜品种，在云南、河北用有机肥种植，单球重0.9千克，高33厘米；而在新绛用生物技术种植，单球重2千克左右，高37厘米，并且是普遍现象。综上所述，在中国式有机农业模式中，选种时可以多考虑选卖相好的品种，然后施加碳素有机肥、农用益生菌、天然矿物钾、植物诱导剂、植物修复素，就可以达到比化学技术高0.5～2倍的产量，而且产品为有机食品。

应用此技术的相关论文先后在广东农业科学、河南农业科学、山西农业科学、吉林农业科学、湖北农业科学等杂志上发表。2011年，在新绛县邀请刘立新老师讲授有机农业课后，马新立得知，田间施益生菌后，植物能将有机碳素物利用率提高1～3倍；施赛众28钾硅调理肥，能使作物品质原风味充分释放出来；浇灌和叶面喷洒植物诱导剂，能将植物叶片光利用率提高0.5～4倍；喷施植物修复素，能打破植物休眠，愈合病虫害伤口，均是物质胁迫原理，打开了植物次生代谢功能，从而提高了产量和品质。

2012年投入产出估算实例：

（1）温室黄瓜，667平方米施12方牛粪1000元，2方鸡粪540元，地力旺EM生物菌液10千克250元，100克植物诱导剂50元，150千克生物钾600元，农资总投资2440元。产量1.6万千克，按批发时价3元1千克，产值4.8万元，投入产出比为1：20。

（2）小麦，667平方米用碳素有机肥（秸秆还田）＋地力旺EM生物菌（4千克100元）＋钾（50千克200元）＋植物诱导剂（20克10元）＋植物修复素（1粒5元），667平方米投入合315元，产小麦600～800千克（用化学技术667平方米产300～350千克），按批发时价2元1千克，产值1200～1600元，投入产出比为1：4～1：5。

自2003年以来，马新立先后在国家级出版社出版有机农作物专著14本；2009年被评为畅销书作家，排名第三；同年被评为国际科学家，排名第二；2007年被国家蔬菜工程技术研究中心聘为顾问。其部分技术内容2009年12月被评为山西省人民政府科技进步二等奖，著作评为省一等奖。

根据来自全国各地的反馈得知，该技术在各种作物上应用，产量都可以比过去用化学技术增加0.5～3倍，其中增产幅度较小的是茶叶和田七（0.5倍），增产幅度较大的是蔬菜和中药材（1～3倍），粮食作物增产0.79～1.2倍。为总结并进一步推广此项技术，马新立以《绿色蔬菜高产100题》为书名，选择了全国各地100名农业用户的实例，进行了总结，该书2012年由金盾出版社出版。目前，北京市农村工作委员会、陕西杨凌科技局、山西运城市农业开发办对此书均已立项推广。2013年出版《中国式有机农业》丛书一套，共6本，涉及到粮、棉、油、果、菜、茶、药等种植领域。相关农资套餐企业，如山西昌鑫生物科技有限公司、运城市空港金利达生物技术有限公司、深圳新农田生物科技有限公司，已经分别筹建了工厂，产业化生产此套餐的相关农资。这项技术集成成果的认定和推广，可以实现农作物高产，食品质量安全，可谓一举两得。有望为我国实现2020年的农业产值和效益较2012年翻番的目标提供支撑。

第一章

有机栽培技术流程及应用实例图说

第一节
栽培技术流程图说

一、茬口安排

用碳素有机肥＋地力旺EM生物菌＋钾＋植物诱导剂＋植物修复素五大要素技术，（此技术2009年获河南省人民政府科技进步二等奖）在温室栽培黄瓜，植株抗冻、抗热、抗虫、抗病。故随时都可下种。山西省新绛县南张村多以一块地年生产两茬安排。一年内的时间安排为早春茬11～12月下种，5～6月结束；续越夏茬7月份育苗，10～12月份结束；越冬茬9～10月下种，翌年6～8月结束，续延秋茬9月份育苗，12月～翌年1月份结束，每茬667平方米可产1.5万～2万千克，高者一年两作达3万～4万千克。

二、品种选择

用生物技术栽培黄瓜，碳、钾元素充足，地力旺EM有益生物菌可平衡土壤和植物营养，打开植物次生代谢功能，能将品种种性充分表达出来，不论什么品种，在什么区域都比过去用化肥、化学农药产量高、品质好，但就黄瓜而言，无刺黄瓜以荷兰优良和我国天津的品种为佳，有刺小黄瓜则以津优35号为好，可对接国际市场。

一般情况，在一个区域就地生产销售，主要考虑选地方市场习惯消费的长形、大小、色泽、口感为准。

1. 园丰6号

山西夏县园丰蔬菜研究所繁育（0359—8556660），植株生长势强，抗病，主侧

蔓均结瓜，第一雌花第3～5节，瓜色深绿，白刺瘤明显，一般瓜长35厘米，单瓜重200～250克，用生物技术管理可长到400～500克，667平方米栽3000株，瓜码密，不用增瓜灵，露地栽培667平方米产0.5万～1万千克，温室栽培可产2万千克左右，适合东北、广东及中东国家人群消费。

2. 迷你无刺

海南晨峰生态农业科技有限公司生产(0898—66597918)，原产荷兰，植株生长旺盛，喜光、喜温、喜肥、怕涝、

抗病，连续坐瓜性强，无刺，瓜长10～15厘米，温室栽培一茬可产1万～1.5万千克，一年两作栽培可产3万千克，节节有瓜，一节多瓜。

3. 大连李氏21号

辽宁省大连农科所选育，植株生长势强，瓜有刺，长35厘米，粗3～4厘米，667平方米栽3600株左右。高垄栽培，宽行50厘米，栽2行。株距25厘米，大温差管理。白天28～32℃，前半夜18～12℃，后半夜8～

10℃，可与黑籽南瓜嫁接，用生物技术越冬栽培，667平方米可产2.5万千克左右。

4. 青岛超级冬盛

青岛新干线蔬菜研究所选育（0532—86409139），植株生长健壮，耐寒、耐热，抗病、不早衰、雌性强，成瓜速度快，瓜长18厘米，色泽白绿嫩亮，耐老化，口感佳，商品性状好，适宜各地延秋、早春温室大棚及露地栽培，用生物技术已知667平方米产2万千克以上。

5. 优胜

植株生长旺盛，抗病耐热，瓜条长、把短、密刺、皮亮、条直、瓢绿、口感好，按生物技术一茬667平方米已知产2万千克左右。

6. 津优35号

天津黄瓜研究所繁育，植株长势中等，叶片中等大小，主蔓结瓜为主，瓜码密，回头瓜多，瓜条生长速度快，丰产潜力大。早熟性好，耐低温、弱光能力强，抗霜霉病、白粉病、枯萎病。瓜条顺直，皮色深绿、光泽度好，瓜把短，刺密

无棱、瘤小，腰瓜长34厘米左右，不弯瓜、不化瓜，畸形瓜率低，单瓜重200克左右，果肉淡绿色，商品性佳。生长期长、不易早衰，适宜日光温室越冬茬及早春茬栽培。华北地区日光温室越冬茬栽培一般在9月下旬播种，早春茬栽培一般在12月上中旬播种，苗龄28～30天，生理苗龄三叶一心时定植。越冬及早春茬生产采用

高畦栽培方式，定植前施足底肥。定植后不宜蹲苗，肥水供应要及时。该品种瓜码密、化瓜少，最好不喷施增瓜灵及保果灵等激素药物。在温度最低时期，应尽量增加光照，保持黄瓜正常的光合作用。生长中后期应及时摘瓜，不可过分压瓜，以保持龙头旺盛生长。

7. 津优36号

天津黄瓜研究所繁育，植株生长健壮，第3～4节着瓜，瓜长30厘米左右，抗病耐热，有刺、低湿弱光管理节节有瓜，瓜直充实，皮色绿亮，温室早春继延秋两作栽培，667平方米可产3万～3.5万千克，越冬栽培一茬可产2万千克。

8. 荷兰22-41

早熟，三叶可结瓜，节节有瓜，一节多瓜，但以每节留1～2瓜为准。果实长

12～16厘米，直径2.5～3厘米，表面光滑，口感清脆、甘甜，稍有棱。667平方米施鸡粪、牛粪各10立方米，用地力旺EM生物菌液分解，植物诱导剂喷苗防病毒病，起垄、滴灌栽培，667平方米产2.5万千克左右。为冬春及延秋保护地栽培品种。

9. 荷兰22-36

植株生长势强，耐寒，抗病毒病、白粉病和疮痂病。节节着瓜，瓜长16～18

厘米，表面光滑，食味鲜甘脆美，适宜延秋和越冬温室栽培。

在8米跨度鸟翼形生态温室内越冬栽培，667平方米施鸡粪、牛粪各10立方米，用EM有益生物菌分解熟化有机肥，用植物诱导剂蘸根1次，667平方米栽2800株左右，产瓜2.2万千克。

三、五大创新整合技术要素

1. 碳素生物有机肥

（1）碳素生物有机肥的投入计算

玉米干秸秆按每千克供产叶类菜10千克，瓜果类菜5～6千克投入；牛粪、鸡粪按每千克供产叶类菜6千克，瓜果类菜3千克投入。鸡粪黄瓜田不超过10立方米，其他瓜果类蔬菜不超过5立方米，经堆积混合沤制，施用前

2～20天按每667平方米田用肥量喷洒浇施2～3千克地力旺EM生物菌液分解，使之碳素黑质化。不用生物菌分解，有机肥中碳、氢、氧利用率只有20%～24%；用生物菌分解有机营养利用率可提高到150%～200%（可从空气中吸收和从土壤中分解养分，并扩大菌群量及作用）。

（2）碳素有机肥的堆积

用玉米秸秆覆盖鸡粪，保护鸡粪中的氮素营养不致于大量释放到空气中，又能促使秸秆黑质化，因秸秆中碳素分解需吸收鸡粪中的氮，粪肥中氮、碳比达1：30～1：90，利于蔬菜高产。

(3) 秸秆铡揉机

该机适用于棉花秆、玉米秆、高粱秆、麦草、稻草、树皮、葡萄藤、大豆秆等各种农作物秸秆的切碎揉搓加工。该产品可将各种农作物秸秆切碎揉搓至30～50厘米，揉搓率达93%，执行标准NY/T509-2002，应用于秸秆还田，与EM生物菌、植物诱导剂、钾结合，每千克干秸秆可产瓜果类菜5～6千克，整株可食蔬菜10千克以上。洛阳市宇灿农机公司生产（13849940067），山西朔州市兴农机械也有生产（13363496789）。

2. 地力旺EM生物菌

由豆汁、红糖加地力旺EM有益菌制成，为有机农产品生产准用物资。每克含80多种菌，总数达300亿～500亿。①土壤中有了大量地力旺EM有益复合菌，能平衡土壤和植物营养；可减轻生理、真细菌引起的各种病害。②可替代杂、病菌占领生态位，作物生长快速健康。③能分解有机肥中的粗纤维，避免生虫。④能使成虫不产生脱壳素而窒息死亡，能化卵。⑤能打开植物次生代谢功能；抗病增产，原品种风味凸现。⑥能使碳、氢、氧、氮以菌丝残体形态被植物根系直接吸收利用，使光合作用在杂菌环境下利用有机物率的20%～24%提高到100%～200%，即可吸收空气中的氮（含量

79.1%，和二氧化碳（含量300～330毫克/千克），分解土壤中的矿物营养。第一次667平方米施用2千克，之后一次施用1千克。与硫酸钾交替施用为佳。

（1）地力旺 EM 生物菌液态剂

由豆汁、土豆汁、红糖营养汁，放入原种（每克含量500亿～1500亿），扩繁后每毫升有效活性菌达20亿以上。667平方米随水冲入2千克，即可达到净地、分解有机粪、供植物平衡生长的效果。同时可沤制1万千克左右的有机碳素肥。另外，每吨可沤制生物有机肥60吨左右。

（2）固体地力旺 EM 生物有机肥

每克含量2亿以上，每袋20千克，秸秆还田或施入有

地力旺EM菌剂(5公斤)
有效活菌数≥20亿/ml

地力旺EM菌肥
有效活菌数≥3.0亿/g

机畜禽粪肥，667平方米需施入40～80千克，可分解单位面积田间有机物，几乎可被作物完全利用。

（3）数码生物菌扩繁器

2010年5月12日，王天

喜等研制的数码生物菌扩繁器"一种复合益生菌活化装置"，获中华人民共和国国家知识产权局实用技术专利。小型设备每台4天可生产2吨生产用菌剂（每台造价2万元），中型设备每台每天可生产1吨（每台造价3万元），大型设备每台每天可生产5～10吨（每台造价30万元）。

3. 钾肥

（1）纯天然矿质钾肥

钾是作物生长的六大营养元素之一，具有作物品质元素和抗逆元素之称。北京中农亚太国际贸易有限公司经销的红牛牌硫酸钾肥、硫酸钾镁肥属于天然矿质类型，不参杂任何成分，品质高、含量足。特别是硫酸钾镁，内含作物生长发育中必须的钾、镁、硫元素，被誉

为作物的"黄金钾"。特别适用于蔬菜、瓜果等高效有机生产应用。

摩天化硫酸钾肥、硫酸钾镁肥施入各类作物田间，能显著提高产品的品质，增强作物的抗旱、抗寒、抗热能力，增产效果显著。红牛牌硫酸钾肥含氧化钾50%，每100千克可供产瓜果类菜7000～8000千克，产叶类菜1.5万千克左右。另外新疆罗布泊牌硫酸钾含量51%，也属天然矿质高含量硫酸钾。

（2）赛众28钾肥

矿物制剂，为有机农产品生产准用物资。含速效钾8%，缓效钾12%，可膨果壮秆；含硅42%，可避虫；含有20多种中微量元素和10多种稀土元素，能开启植物次生代谢功能，为土壤和植物保健肥料。一般基施25千克，中后期追施50～75千

克，也可用浸出液在作物叶面上喷洒，对提高产品和品质效果尤佳，所产果实在常温下可放40天左右。

4. 植物诱导剂

为有机农产品生产准用物资，植物沾上该剂能增加根系70%以上，提高光合强度0.5～4倍，可起到前期控秧促根、后期控蔓促果的作用，使作物抗热、抗冻、抗病、抗虫性大大提高。667平方米用50克原粉，500克开水冲开，放24～60个小时，兑水60千克，比如在茄子4～6叶时全株喷一次；定植后按

800倍液再喷一次，如果早中期植物有些陡长，节长叶大，可用650倍液再喷一次。种植黄瓜可参考使用。

5. 植物修复素

矿物制剂。为有机农产品生产准用物资。植物沾

上该剂，能激活叶片沉睡的细胞，打破顶端生长优势，使营养往下部果实转移，能愈合叶片及果实上的虫伤、病伤，使蔬菜外观丰满、漂亮，含糖度增加1.5～2度。

在结果期每粒6克兑水10～15千克，叶面喷洒即可，如果发现病虫害和生理病症，可加入50～100克地力旺EM生物菌，效果更佳。

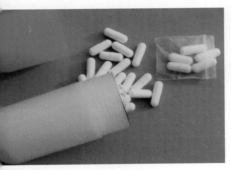

地力旺EM生物菌液，每667平方米苗床用2千克，在幼苗期叶面喷一次1200倍液的植物诱导剂，即保证根系无病发达，又可及早预防病毒病和真、细菌病害，植株抗热、抗冻、抗虫。

四、管理技术

1. 育苗

将碳素有机基质，装入营养钵内，或用牛粪拌风化煤或草碳拌做成基质，浇入

2. 播种

将营养土装入营养钵。种子用55℃热水浸种，边倒水边搅拌，到30℃时浸泡3～4小时，捞出用干净沙布包住，放置20～30℃处催芽，有70%"露白"后，播入营养钵土中，营养土不施化肥和生鸡粪，浇灌地力旺EM

生物菌1000倍液，上覆1.5厘米透气性好的沙细土，覆盖小棚塑料膜即可。一是幼苗出土期，温度保持15～25℃；二是80%出土后，白天温度为20～24℃，夜间温度为13～15℃，湿度控制在75%左右。

黄皮或黑皮南瓜籽做砧木插接黄瓜，用生物有机肥做营养钵基质成活率达95%以上

利用野生同属同科植物的根壮即黄籽或黑籽南瓜的抗病、抗逆特性，嫁接上形状、品质优良的黄瓜品种，达到抗病增产高效益之目的。

靠接法是将砧木茎由下向上45度切1/2～1/3，将黄瓜接穗由上向下45度切1/2，将茬口对插，用嫁接夹侧面夹牢，喷地力旺EM生物菌300倍液或植物修复素（每粒兑水15千克），4～5天保持20℃左右温度，85%湿度即可。

南瓜嫁接黄瓜生出南瓜叶

插接是用竹签将砧木苗心挖出，将接穗生长点剪入插入的技术。

将南瓜叶及时摘掉

用有机生物技术不嫁接
完全可以高产优质（虽然不
嫁接也可以，但是嫁接更有
保障）。

3. 幼苗期喷植物诱导剂

在幼苗4～5叶时，取植
物诱导剂粉50克，用500克开
水冲开，放24～48小时，兑
水60～75千克，叶面喷洒，
控制秧苗徒长，提高秧苗抗
热、抗冻性，可从根本上解
决病毒病的发生发展。

4. 施足有机肥

粪肥撒匀

粪土耕匀

深耕细耙

5. 合理稀植

有机黄瓜栽培要保持田间通风，透光良好，行距窄行90厘米，宽行1～1.2米，株距20厘米，667平方米栽2800～3600株，两行一畦，畦边略高，秧苗栽在畦边高处。

6. 遮阳拔草

遮阳造成凉爽环境，撒上有机肥和地力旺EM生物菌，可聚营养和培养土壤良好团粒结构，栽上作物，较多的生物菌能给植物体上打些洞，就打开了作物次生代

标准株型特点

密度过稠，秧苗旺长

谢功能。同理，拔草伤些作物浅根，伤些叶片，也可打开次生代谢功能，不仅产量高，而且产品口味纯正。

7. 滴灌浇水

黄瓜田每行设一滴灌管，每株茎基部设一猫眼。在田间施足碳素有机肥和地力旺EM生物菌液。叶面喷洒植物诱导剂，植株抗旱、抗冻、抗热，在结果期，通过灌管浇水一次施入地力旺EM生物菌液2千克，另一次施入50%天然硫酸钾24千克。空气湿度小，利于黄瓜深扎根，

苗期浇水过多，土壤透气性差，根小生长缓慢

坐果和果实膨大，着色一致漂亮。

8. 水分管理

叶面喷洒植物诱导剂1000倍液或植物修复素，每粒兑水12千克，控秧促果。根部培土，降低夜温。空气湿度保持在65%左右，利用扎深根，授粉受精，坐果着色。

滴灌铺膜

浇水过多湿度过高根浅节长瓜小

正常植株

养浪费，将卷须也摘掉，增施碳钾肥，用地力旺ＥＭ生物菌分解充分供应营养。但有一个前提是，在苗期用过植物诱导剂者，根系发达，叶面光合强度大，植株不徒长。

9. 喷花保瓜

在黄瓜雌花蕾开放时，用700倍液地力旺ＥＭ生物菌液，在雌花上喷一下，使黄瓜伸长垂直。因不授粉也能长瓜，且无子，故在管理上将雄花及早摘掉，为减少营

10. 控秧促瓜

一般有刺品种第3～5叶着瓜，以后节节有瓜，如地力充足，大型果每节留1～2瓜；无刺品种每节留1～3瓜；管理上前期控水、控温，控秧促根，结瓜期控蔓促瓜，

用植物诱导剂800倍液或植物
修复素每粒兑水14千克，叶面
喷洒，使茎秆间距保持在10～
14厘米。下图为标准要求，即
节与节果实紧凑。

11. 绑蔓摘须

每两节绑蔓一次，适当
紧绑，利于营养往下部流动
长瓜；将胡须及时摘掉，以
免浪费营养。

12. 疏叶落蔓

基施碳素有机肥充足，
一茬目标产量在2万～3万千
克，可留12～14片生长点以
下功能叶，即1.3～1.5米长
蔓，每株大小可留果7～8个
左右，有刺品种（每瓜在120
～250克）每株留4～5果；无
刺品种（每瓜在80～150克）
每株可留12～16个瓜。667平
方米栽3800株左右，稀植或

地力足，适当多留1～2瓜；否则，少留果，让有效商品瓜多而丰满，并在结果期注重施矿物硫酸钾和地力旺EM生物菌促瓜。

13. 中耕松土

用锄疏松表土，在破板5厘米土缝后，可保持土壤水分，叫锄头底下有水；促进表土中有益菌活动，分解有机质肥，叫锄头底下有肥；保持土壤水分，减少水蒸气带走温度，叫锄头底下有温；适当伤根，可打开和促进作物次生代谢，提高植物免疫力和生长势，增产突出。

14. 整枝留回头瓜

一般植株生长到1.7～1.8米时，将下部叶摘掉，将

夜温过高引起黄瓜叶厚肥大产量低

中蔓茎盘成圈，下部可留少量腋芽，长出回头瓜，比例控制在20%左右。而667平方米要实现2万～3万千克的产量，蔓长则为5.5～6米。

15. 温度管理

白天室温控制在20～32℃，20℃以下不通风；前半夜17～18℃，覆盖草苫后20分钟测试温度，低于此温度早放草苫，高于此温度迟放草苫；后半夜9～11℃，过高通风降温，过低保护温度；昼夜温差18～20℃，利于积累营养，产量高，果实丰满。

正常温度下生长的秧蔓，低温弱光下果实多

16. 追肥管理

667平方米冲施矿物硫酸钾肥25千克或施牛粪2000～

4000千克，地力旺EM生物菌液2千克，50%天然硫酸钾25千克，钾肥和生物菌液交替冲入。

氮、磷过多，温度过高、过低引起的缺钙，叶缘镶金边

鸡粪没用生物菌发酵引起死秧

17. 保瓜防弯

高温期（高于35℃），或低温期（低于5℃）钙素移动性很差，易出现弯瓜，如果在此时用EM生物菌液500

缺碳、钾弯瓜化果

套袋黄瓜瓜直顺

用地力旺EM生物菌涂抹弯
瓜内面，瓜条垂直

没用地力旺EM生物菌液营养
不平衡，弯瓜多

黄瓜套袋瓜整齐一致

倍液在瓜弯凹处一摸，2～3天即可变直，也可套袋，长出的黄瓜大小一致。叶面喷地力旺EM生物菌液300倍液加植物修复素（每粒兑水15千克）修复黄瓜，或食母生片每15千克水放30粒，平衡植物体营养供给钙素，或过磷酸钙（含钙40%）泡米醋300倍浸出液，叶面喷洒补钙。

18. 徒长秧处理

叶面喷1000倍液的植物诱导剂控制秧蔓生长，即取50克原粉，用500克开水冲开，放24～56个小时，兑水

50千克，在室温达20～25℃时叶面喷洒，不仅控秧徒长，还可防止病毒、真、细菌病危害，提高叶面光合强度0.5～4倍，增加根系数目70%以上。

19. 僵秧处理

土壤内肥料充足，在杂菌的作用下，只能利用20%～24%，黄瓜叶小、上卷，看上去僵硬，生长不良。

处理办法：在碳素有机

温高湿大引起黄瓜旺长

鸡粪及氮素过多，叶片大而肥

肥充足的情况下，定植后第一次施地力旺EM生物菌液2千克，以后每次1千克，可从空气中吸收氮和二氧化碳，分解有机肥中的其他元素，每隔一次施入50%的天然硫酸钾25千克，就能改变现状，取得高产优质黄瓜。

20. 死秧防治

①营养土中用地力旺EM生物菌液浇灌除氨气；②育苗钵不用化学肥料和鸡粪；③发现此病，667平方米施地力旺EM生物菌液2千克。

21. 防止病害

细菌性圆斑病，叶片水浸状软腐，用硫酸铜配碳酸氢铵300倍液，叶面喷洒；霜霉病：用地力旺EM生物菌

细菌性圆斑病

遇高温、氨气死秧

真菌性白粉病

霜霉病病叶

液300倍液配1粒植物修复素预防，同时在管理上注意以下7条措施。①幼苗期叶面喷1200倍液的植物诱导剂，增强植物抗热性和根抗冻病的能力；②定植的667平方米冲施地力旺EM生物菌液2千克，平衡营养，化虫；③注重施秸秆、牛粪和少量鸡粪，不施氮磷化肥；④叶面喷植物修复素或田间施赛众28肥或稻壳肥，利用其中硅元素避虫；⑤选用耐低温弱光、耐热耐肥抗病品种；⑥挂黄板诱杀虫或使用防虫

网；⑦遮阳降温防干旱。

22. 虫害防治

①常用地力旺EM生物菌液，害虫沾着生物菌自身不能产生脱壳素会窒息死亡，并能解臭化卵；②用叶面喷洒植物修复素愈合伤

美洲斑潜蝇危害叶片

蓟马危害叶片

口；③田间施含硅肥避虫，如稻壳灰、赛众28等；④室内挂黄板诱杀，棚南设防虫网；⑤用麦麸2.5千克，炒香，拌敌百虫、醋、糖各500克，傍晚分几堆，下填塑料膜，放在田间地头诱杀地下害虫。跳甲等虫害严重时可用虫腾净田间喷洒灭虫。

蓟马

23. 生物技术防治蓟马等地下害虫

适宜蓟马活动的温度在23～25℃，16℃以下不活动，超过28℃就躲在土壤细缝及土块下。土块下的成虫、若虫、蛹，可用灌根型阿维菌素防治，每瓶400克冲施200平方米田地，即667平方米冲浇3～4瓶，4～5天左右蓟马会全部死亡。此法对鸡羽虱、蝼蛄、地老虎等害虫防治也有效。此虫以危害黄瓜、茄子、番

蓟马危害瓜秧失去生长点

茄、辣椒、西葫芦幼苗为重，会将心叶咬伤卷曲，或使植物失去生长点。连续施用地力旺EM生物菌液，也可抑制上述地下害虫的发生。

24. 植物源杀虫剂——黎芦碱+苦参碱防治害虫

跳甲虫有硬壳翅，在南方繁殖快、数量多，对作物尤其是农作物的叶子危害广泛。用植物源杀虫剂——0.5%黎芦碱（600～800倍液）+0.3%苦参碱（800～1200倍液），667平方米用原液50～75克，每3～4天喷一次，可从根本上控制跳甲虫危害农作物，属于有机农产品生产准用物资。具有触杀和胃毒作用，主要用于防治同翅目蚜虱类、半翅目蝽类、蜱螨目害螨类等多种刺吸式口器害虫。使用范围：蔬菜、果树、棉花、水稻、茶叶、烟草、花生、大豆、花药材等其他经济作物。防治对象：蔬菜菜蚜、瓜蚜、小麦蚜、苹果黄蚜、苹果绵蚜、红蜘蛛、桃蚜、苜蓿蚜、棉蚜、花生蚜虫、白粉虱、烟粉虱、梨木虱、小绿叶蝉、茶叶螨、茶叶蝉、茶粉虱、绿盲蝽、稻飞虱、褐飞虱、白背飞虱等。

使用方法：害虫发生初期和低龄期使用。另外，用鱼藤氰800倍液或者地力旺EM生物菌液500倍液喷洒，长期使用也能起到控制虫害作用。

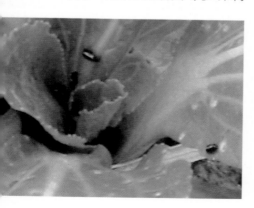

五、设施介绍

1. 鸟翼形矮后墙长后坡生态温室

跨度8.2～9米（包括后墙底厚1米），高度3米（不包括地平面以下40～50厘米），后墙高1.6米，后屋深1.6米（后坡梁长2.2～2.4米，高18～20厘米，宽13厘米，预制件立柱内设4根直径0.5厘米冷拉丝，高3.4米，如果地平面栽培床深40厘米，还应增长40厘米）。前沿（南边）内切角33°～50°，方位正南偏西7°～9°，长度70～80厘米，墙厚1米。在北纬40°以南越冬种植各类蔬菜，均能获得高额产量，冬至前后

室内夜温达12℃左右，白天达30℃。此温室2011年2月18日被国家知识产权局认定为专利——一种长后坡矮北墙日光温室。

2. 温室筑墙

3. 钢架竹木结构拱棚

4. 两头砌墙钢架结构大棚

5. 预制立柱竹杆结构拱棚

6. 组装式钢架拱棚

第二节　应用实例图说

1. 董俊喜用生物技术温室一年两作黄瓜667平方米产3.6万千克

山西省新绛县南张村董俊喜等种棚户，选用津优35号黄瓜品种，春茬黄瓜在12月底下种，2月份定植，667平方米栽3800株左右，每茬施鸡粪10立方米左右，拌玉米秸秆1400千克，用2千克地力旺EM生物菌液分解。

2009年6月5日，深圳市原生态绿色食品发展有限公司总监叶国凑（左）、马新立（右）在田间调查指导

6月10日，667平方米产黄瓜在2.25万千克左右，收入4.5万余元。秋茬黄瓜在8月下旬下种，10月上旬上市，1月上旬结束，667平方米产1.5万千克，收入2.8万元。一年两作产瓜3.3万千克，收入6万余元。

2. 董小军温室黄瓜一年两作667平方米产3万千克

山西新绛县南张村董小军，2010年在同一温室内种植两茬黄瓜，667平方米产3万余千克，收入6.55万元。选用津优35号品种，每茬施秸秆和鸡粪各3000千克，地力旺EM生物菌液2千克，硫酸钾150千克（每次25千克左右），第一茬在上年11月23日下种，12月底定植，6月上旬结果，667平方米产瓜1.7万千克，收入3.45万元；第二茬在7月下种，8月移栽，12月份结果，续产

1.3万～2万千克，收入3.1万元。

3. 王美珍用生物技术黄瓜产量高两倍

福建省福清市芦院村王美珍，2010年种植春黄瓜、豆角、丝瓜，按羊粪+地力旺EM生物菌液+植物诱导剂+植物修复素管理，作物一生几乎不染病，虫也很少。1000平方米黄瓜一次采收750千克，比对照250千克增产2倍。特别是下雨后蔬菜被水淹前，用上述技术后长势正常，而对照叶黄死秧严重。

4. 魏秀峰越冬温室无刺黄瓜667平方米产2.4万千克

江苏省新沂县新安乡新南村魏秀峰2009年越冬温室黄瓜选用日本节成太郎品种（无刺），南瓜嫁接，每袋25元／300粒，667平方米栽4000株，9月中旬下种，翌年7月中旬结束，基施鸡粪10方，牛粪13方，地力旺EM生

荷兰22-33油瓜长势

物菌液第一次施3千克，之后每次施1千克，共施15千克；45%硫酸钾200千克，每次10～20千克，与生物菌隔次施入；生长前期叶面喷植物诱导剂1200倍液2次，共用原粉50克；用植物修复素10粒，一生几乎无病虫害，667平方米产黄瓜2.4万千克，收入4.9万余元。

5. 付爱虎温室黄瓜667平方米产1.8万千克

山西省新绛县南梁村付爱虎2010年温室黄瓜667平方米施玉米秸秆700千克，牛粪4000千克，鸡粪3000千克，50%矿物钾100千克，地力

旺EM生物菌液4千克，产瓜1.8万千克。因没有及时用植物诱导剂和植物修复素，叶片过大，上部徒长。如碳素肥、钾、生物菌液用量适当提高，还有25%以上的增产空间。

6. 吴建军早春拱棚黄瓜按生物技术产量倍增

重庆市长寿区洪湖镇凤凰村吴建军，2009年按生物技术种植1300平方米黄瓜，竹杆支棚，覆盖转光膜，12月下旬下种，45天后定植，选用天津黄瓜所绿丰品种，田间施牛粪、鸡粪各1200千克，50%矿物钾100千克，植物诱导剂50克，地力旺EM生物菌液共用15千克，6月份结束，667平方米产瓜1.1万千克，比传统用化肥、农药节支2000余元，产量产值倍增。2010年凤凰村的生物技术种植黄瓜发展到了6.6公顷。

有机黄瓜高产栽培流程图说

用生物技术种植的黄瓜霜冻后植株无大损伤

7. 武玉水用生物技术黄瓜未受冻害

2009年11月，华北地区早来霜冻，山西省新绛县南张村武玉水，种植4个温室黄瓜，667平方米施鸡粪11方，冻前2棚667平方米施入地力旺EM生物菌液2千克，冻后无损；而没施EM生物菌者，全部冻死毁种。

用化学技术种植的黄瓜霜冻后严重凋萎

8. 段春龙用生物技术种植夏秋茬黄瓜产量高长势好

黄瓜不耐高温和强光，一般情况下夏秋栽培不易成功，2012年山西省新绛县北张镇北燕村段春龙，在拱棚内种植夏秋茬黄瓜，6月下旬下种，8月中旬始收，10月份结束，用生物有机肥加植物诱导剂加钾技术，瓜条直、长势好，667平方米产8000千克左右。下图所示片田中的黄瓜无病虫害、长势旺。

瓜"秀丽"品种，按牛粪+EM生物菌液+植物诱导剂+植物修复素+硫酸钾生物集成技术，667平方米产黄瓜2万千克，与用化学技术种植667平方米产不足6500千克相比，增产2倍多。瓜长23厘米，每根200克左右采摘，平均批发价15元/600克，每千克25元，667平方米产值50多万元。不嫁接，口感好，检测残留不超标，无机钾施用后检测为零，符合国际有机标准要求。

9. 周良杰用生物技术种植无刺小黄瓜亩产2万千克

台湾台北兴北市万里庄周良杰（00886917636390），2012年选用台湾无刺小黄

第二章

科学依据

第一节　有机蔬菜生产的十二平衡

一、有机蔬菜生产四大发现

一是把"农业八字宪法"改为十二平衡；二是把作物生长三大元素氮、磷、钾改为碳、氢、氧；三是把作物高产主靠阳光改为主靠地力旺EM生物菌；四是把琴弦式温室改为鸟翼形生态温室。

二、有机农产品概念

在生产加工过程中不施任何化肥、化学农药、生长刺激素、饲料添加剂和转基因物品，其所产物为有机食品。

三、有机蔬菜的生产十二平衡

有机蔬菜的生产十二平衡即：土、肥、水、种、密、光、温、菌、气、地上与地下、营养生长与生殖生长、环境设施平衡。

1. 土壤平衡

常见的土壤有4种类型，一是腐败菌型土壤。过去注重施化肥和鸡粪的地块，90%都属腐败型土壤，其土中含镰孢霉腐败菌比例占15%以上。土壤养分失衡恶化，物理性差，易产生蛆虫及病虫害。20世纪90年代至现在，特别是在保护地内这类土壤在增多。处理办法是持续冲施地力旺EM有益生物菌液。

二是净菌型土壤。有机质粪肥施用量很少，土壤富集抗生素类微生物，如青霉素、木霉素、链霉菌等，粉状菌中镰孢霉病菌只有5%左右。土壤中极少发生虫害，作物很少发生病害，土壤团粒结构较好，透气性差，但作物生长不活跃，产量上不去。20世纪60年代前后，我国这类土壤较为普遍。改良办法：施秸秆、牛粪生物菌等。

三是发酵菌型土壤。乳酸菌、酵母菌等发酵型微生物占优势的土壤，富含曲霉真菌等有益菌，施入新鲜粪肥与这些菌结合会产生酸香味。镰孢霉病菌抑制在5%以下。土壤疏松，无机矿物养分可溶度高，富含氨基酸、糖类、维生素及活性物质，可促进作物生长。

四是合成菌型土壤。光合细菌、海藻菌以及固氮菌合成型的微生物群占土壤优势位置，再施入海藻、鱼粉、蟹壳等角质产物，与牛粪、秸秆等透气性好，含碳、氢、氧丰富物结合，能增加有益菌即放线菌繁殖数量，占主导地位的有益菌能在土壤中定居，并稳定持续发挥作用，既能防止土壤恶化变异，又能控制作物病虫害，产品优质高产，并属于有机食品。

2. 肥料平衡

17种物质的营养作用与用法：碳（主长果实）、氢（活跃根系，增强吸收营养能力）、氧（抑杂菌，作物抗病）、氮（主长叶片）、磷（增加根系数目与花芽分化）、钾（长果抗病）、镁（增叶色，提高光合强度）、硫（增甜）、钙（增硬度）、硼（果实丰满）、锰（抑菌抗病）、锌（内生生长素）、氯（增纤维抗倒伏）、钼（抗旱，20世纪50年代，新西兰因一年长期干旱，牧草矮小不堪，濒临干枯，牛羊饿死无数，在牧场中奇怪地发现有一条1米宽、翠绿浓郁的绿草带，经考察，原来牧场上方有一钼矿，矿工回来所穿鞋底沾有钼矿粉，所踩之处牧草亭亭玉立，长势顽强）、铜（抑菌杀菌，刺激生长，增皮厚度，叶片增绿，避虫）、硅（避虫）、铁（增加叶色）。

3. 水分平衡

不要把水分只看成是水或氢二氧一，各地的地下水、河水营养成分不同，有些地方的水中含钙、磷丰富，不需要再施这类肥；有些地方的水中含有机质丰富，特别是冲积河水；有些水中含有益菌多，不能死搬硬套不考虑水中的营养去施肥，比如茄子喜水，土壤持水量在60%左右，空气温度在70%～85%的环境中生长较好。

4. 种子平衡

不要太注重品种的抗病虫害与植物的抗逆性。应着重考虑选择品种的形状、色泽、大小、口味和当地人的消费习惯，就能高产、高效。生态环境决定生命种子的抗逆性和长势，这就是技术物资创新引起的种子观念的变化。

有益菌能改变作物品种种性，能发挥种性原本的增长潜力。地力旺EM生物菌液由20多种属、80多种微生物组成，能起到解毒消毒的作用，使土壤中的亚硝基、亚硝基胺、硫化氢、胱氨等毒性降解，使作物厌肥性得到解除，增强植物细胞的活性，使有机营养不会浪费，几乎全利用，并能吸收空气中的养分，使营养循环利用率增加到200%。植物也不必耗能去与毒素对抗而影响生长，并能充分发挥自我基因的生长发育能力，产量就会大幅提高。

5. 稀植平衡

土壤瘠薄以多栽苗求产量，有机生物菌技术稀栽植方能高产、优质。如过去黄瓜667平方米栽4000～4500株左右，现在是2800～3200株；有些更稀，合理稀植产量比过去合理密植产量高1～2倍。

6. 光能平衡

万物生长靠太阳光，阴雨天光合作用弱，作物不生长。现代科学认为此提法不全面。植物沾着植物诱导剂能提高光利用率的0.5～4倍，弱光下也能生长。有益菌可将植物营养调整平衡，连续阴天根系也不会太萎缩，天晴不闪秧，庄稼不会大减产。黄瓜适宜光照强度范围窄，在1万～4.5万勒环境中均能生长，但以3万～4万勒效果为好。

7. 温度平衡

大多数作物要求光合作用温度为20～32℃（白天），前半夜营养运转温度为17～18℃，后半夜植物休息温度10℃左右。唯西葫芦白天要求20～25℃，晚上6～8℃，不按此规律管理，要么产量上不去，要么植株徒长。黄瓜不授也能结瓜，后半夜温度为10～11℃,膨果期9～10℃。

8. 菌平衡

作物病害由菌引起是肯定的,但是菌就会染病是不对的。致病菌是腐败菌,修生菌是有益菌。长期施用有益菌液,即消化菌,可化虫卵。凡是植株病害就是土壤和植物营养不平衡,缺素就染病菌,营养平衡利于有益菌发生发展。有益菌液含芽孢杆菌、酵素菌、乳酸菌、解磷菌、固氮菌等复合菌群,每克含菌数达20亿以上)。其中,芽孢杆菌、固氮菌是非豆科内生和根际土壤内固氮的主要微生物菌剂;解磷菌是为作物供应磷素的主力菌;酵素菌是发酵分解有机物秸秆或粪,为植物可利用的无机碳源以及作物可以直接吸收利用的小分子有机养分,类似于组培营养基的小的有机分子化合物的主力菌。

9. 气体平衡

二氧化碳是作物生长的气体面包,增产幅度达$0.8～1$倍。过去在硫酸中投碳酸氢铵产生二氧化碳,投一点,增产一点。现在冲入有益菌去分解碳素物,量大浓度高,还能持续供给作物营养,大气中含二氧化碳量330毫克/千克,有益菌也能摄取利用。

10. 地上部与地下部平衡

过去,苗期切方移位"囤"苗,定植后控制浇水"蹲"苗,促进根系发达。现在苗期叶面喷一次1200～1500倍液的植物诱导剂,地上不徒长,不易染病;定植后按600～800倍液灌根一次,地下部增加根系$0.7～1$倍,地上部秧矮促果大。

11. 营养生长与生殖生长平衡

过去追求根深叶茂好庄稼，现在是矮化栽培产量、质量高。用植物修复素叶面喷洒，每粒兑水14～15千克，能打破作物顶端优势，营养往下转移，控制营养生长，促进生殖生长，果实着色一致，口味佳，含糖度提高1.5～2度。

12. 环境设施平衡

2009年11月10日，我国北方普降大雪，厚度达40～50厘米。据笔者调查，山西太原1.2万个琴弦式温室被雪压垮，山西阳泉平定80%的山东式超大棚温室被雪压塌，山西介休霜古乡现代农业公司，48栋10米跨度、高4.5米的琴弦式温室内所植各种蔬菜及秧苗全部受冻毁种。

而辽宁台安县、河北固安县、河南内黄县、山西新绛县（5万余栋）鸟翼形长后坡矮后墙生态温室，（该温室1996年获山西省农技承包技术推广一等奖，山西省标准化温室一等奖，新绛县被列为全国标准化温室示范县）完好无损，秧苗无大损伤。近几年，以上地域利用此温室，按有机碳素肥+地力旺EM有益菌+植物诱导剂+钾技术，茄子、黄瓜667平方米产2.5万千克，辣椒、西红柿产1.5万～2万千克，效果尤佳。

（1）琴弦式温室压垮原因分析：一是棚面呈折形，积雪不能自然滑落，棚南沿上方承受压力过重导致温室的骨架被压垮；二是折形棚面在"冬至"前后与太阳光大致呈直线射进，直光进入温室量大，但散射光及长波光是产生热能的光源，而直射光主要是短波光照，在棚面很少产生热能，只能是照在室内地面反光后变成长波光才生产热能，棚面温度低易使雪凝结聚集在上方而导致温室被压塌。

（2）超大棚温室压垮和秧苗受冻原因分析：一是跨度过大，即棚面呈抛物线拱形，坡度小，中上部积雪不能自然下滑至地面，多积聚在南沿以上处，温室骨架被积雪压坏；二是棚面与地面空间过高，达 4.5～5 米，地面温度升到顶部对溶雪滑雪影响力不大；三是多数人追求南沿温室内高，人工操作方便致使钢架拱度过大，坡度太小，不利滑雪；四是温室内空间大降温快、升温慢，溶雪期间气温低，室内秧苗易受低温冻害毁种。

（3）鸟翼形生态温室抗灾保秧分析：鸟翼形温室的横切面呈鸟的翅膀形，南沿较平缓，雪可自然下滑至地面；半地下式系栽培床低于地平面 40 厘米，秧苗根茎部温度略高；空间矮，地面温度可作用到棚顶，使雪融化下滑；因后屋深，跨度较小，白天吸热升温快，晚上室内温度较高，生态温室即"冬至"前后，太阳出来后室内白天气温达 30℃ 左右，前半夜 18℃，后半夜 12℃ 左右，适宜各种喜温性蔬菜越冬生长的昼夜作息温度规律要求，亦可做延秋茬继早春茬两作蔬菜栽培。温室即抗压，又保秧苗安全生长。如果在夜间下雪，只要在草苫上覆一层膜，雪就可自然滑下。

鸟翼形生态温室具有以下特点：

①棚面为弧圆形，总长9.6米，上弦用直径3.2厘米粗的厚皮管材，下弦和W型减力筋为11毫米的圆钢，间距15～24厘米焊接，坚固耐用；②跨度7.2～8.8米，土壤利用效益

鸟翼形长后坡矮北墙日光温室立柱与后屋脊梁连接处造型
（本温室2011年获国家知识产权局实用技术专利）

好，栽培床宽7.25～8.25米；③后屋深1.5～1.6米，坡梁水泥预制长2.15～2.8米，高20厘米，厚12厘米，内设4根冷拉钢丝，冬季室内贮温保温性好；④后墙较矮，高1.6米左右，立柱水泥预制，宽、厚各12厘米，高4～4.4米，包括栽培床地平以下40厘米，棚面仰角大，受光面亦大；⑤土墙厚度。机械挖压部分，下端宽4.5米，上端宽1.5米；人工打墙部分，下端厚1～1.3米，上端厚0.8～1米，坚固，不怕雨雪，冬暖夏凉；⑥顶高3.1～3.4米，空间小，抗压力性强，栽培床上无支柱，室内作物进入光合作用快，便于机械耕作；⑦前沿内切角度为30°～32°，"冬至"前后散射光进入量大，升温快，棚上降雪可自动滑下；⑧方位正南偏西5°～9°，光合作用时间长。可避免正南方位的温室，早上有光温度低，下午适温期西墙挡阳光，均不利于延长作物光合作用时间和营养积累的弊端；⑨长度为74～94米，便于山墙吸热放热保秧、耕作和管理。建议各级领导及广大农民，不要追求高大宽温室，要讲究安全高产、优质、高效的设施和低投入、简操作的生产方式。

鸟翼形半地下式生态温室667平方米造价估算：

棚钢架　选直径3.2厘米粗的管材，下弦与W型减力筋用直径1.2厘米的线材，按跨度7.2米设计，需架长9米，每根做成价126元。间距3.6米，667平方米棚长80米，需钢架22个，合计2772元。

钢丝　直径2.6毫米的钢丝需150千克，合计750元。

棚膜　10丝厚的膜需100千克左右，每千克15元，合计1500元。

竹竿　粗头4厘米直径，每根4元；细头2厘米直径，每根2元，各需110根，合计660元。

草苫　稻草苫宽1.2米，厚4～5厘米，长9米，667平方米用80卷，每卷30～40元，合计3200元。

绳　塑料绳长18米，粗1.5厘米，每根4元，160根合计640元。

细钢丝　1.5～1.6毫米钢丝30千克，每千克5.5元，合计165元，固竹竿棚架钢丝用。

预制件立柱　长4米，中间设5根2.2毫米直径的冷拉钢丝，宽厚为12厘米×6.5厘米，24元/根，需33根合计792元。

后坡梁长2米，内置6根4毫米直径的冷拉丝，宽厚为7厘米×15厘米，每根16～32元，需33根，预制件合计1320～1848元。

压膜线　1卷100元。

垒山墙　放地锚，后坡上土700元。

其他　建筑工资2560元。机械挖壕3000～6000元，人工打墙1200元。上卷苫机4000元。装自动调温器500元。安装自动卷帘遥控器500元。

（原载北京《蔬菜》2010年第2期）

第二节　有机蔬菜生产的五大要素

一、五大要素

碳素有机肥（牛粪、秸秆或少量鸡粪，每吨35～60元）+地力旺EM生物菌（每千克25元）+钾（含量51%每50千克200元）+植物诱导剂（每50克25元）+植物修复素（每粒5～8元）=有机食品技术。

（1）决定作物高产的营养是碳、氢、氧，占植物干物质的95%左右。碳素有机质即干秸秆含碳45%，牛、鸡粪含碳20%～25%，饼肥含碳40%，腐植酸有机肥含30%～50%的碳。碳素物在自然杂菌的作用下只能利用20%～24%，属营养缩小型利用，而在生物菌的作用下利用率达100%。有机碳素物与地力旺EM生物菌结合能给益生物繁殖后代提供大量营养，每6～10分钟繁殖一代，其后代可从空气中吸收二氧化碳（含量330毫克／千克）、氮气（含量79.1%），能从土壤中分解矿物营养，属营养扩大型利用，可提高到150%～200%。所以，碳素有机肥必须与地力旺EM生物菌结合，才能发挥巨大的增产作用。

（2）生物菌可平衡植物体营养，改善作物根际环境，根系发达。作物根与土壤接触，首先遇到的是根际土壤杂菌，用很大的能量与杂病菌抗争，生长自然差。在生物菌与碳素有机肥的根际环境下，根系生长尤其旺盛，可将种性充分发挥出来。经试验，根可增加1倍，果实可增大1倍，产量亦可增多1倍以上。另外，生物菌能将碳、氢、氧等元素以菌丝体形态通过根系直接进入植物体，是光合作用利用有机物的3倍。

（3）钾是长果壮秆的第二大重要元素。长果壮秆的第一大元素是碳，除青海、新疆部分地区的土壤含钾丰富外，多数地区要追求高产，需补钾。按国际公认，每千克钾可长鲜瓜果94～170千克，长全株可食鲜菜244千克左右，长小麦、玉米干籽粒33千克。缺钾地区补钾，产量就能大幅提高。

以上三要素是解决作物生长的外界因素，即营养环境问题，而以下两个要素则是解决内在因素问题。

（1）植物诱导剂可充分发挥植物生物学特性。可提高光合强度50%至4倍，增加根系0.7～1倍，能激活植物叶片沉睡的细胞，控制茎秆徒长，使植物体抗冻、抗热、抗病虫害，作物不易染病，就能充分发挥作物种性内在免疫及增产作用。该产品系中药制剂，667平方米用50克植物诱导剂，用500克开水冲开，放24小时，兑水40～60千克灌根或叶面喷洒。

（2）植物修复素可愈合病虫害伤口，2天见效，并可增加果实甜度1.5～2度，打破了植物顶端优势，使产品漂亮可口。

二、有机农产品基础必需物资——碳素有机肥

影响现代农业高产优质的营养短板是占植物体95%左右的碳、氢、氧（作物生长的三大元素是碳、氢、氧，占植物体干物质的96%；不是氮、磷、钾，它们只占3%以下）。碳、氢、氧有机营养主要存在于植物残体，即秸秆、农产品加工下脚料，如酿酒渣、糖渣、果汁渣、豆饼等和动物粪便，这些东西在自然界是有限的。而风化煤、草碳等就成了作物高产优质碳素营养的重要来源之一。

1. 有机质碳素营养粪肥

每千克碳素可长20~24千克新生植物体，如韭菜、菠菜、芹菜；茴子白减去30%~40%外叶，心球可产14~16千克；黄瓜、西红柿、茄子、西葫芦可产果实12~16千克，叶蔓占8~12千克。

碳素是什么，是碳水化合物，是碳氢物，是动、植物有机体，如秸秆等。干玉米秸秆中含碳45%，那么，1千克秸秆可生成韭菜、菠菜等叶类菜10.8千克（24×45%），可长茴子白、白菜7.56千克（24×45%×70%，去除了30%的外叶），可长茄子、黄瓜、西红柿、西葫芦等瓜果7.58千克（24×45%×70%，去除了30%的叶蔓）。碳素可以多施，与生物菌混施不会造成肥害。

饼肥中含碳40%左右，其碳生成新生果实与秸秆差不多，牛粪、鸡粪中含碳均达25%，羊粪中含碳16%。

（1）牛粪。667平方米施5000千克牛粪含碳素1250千克，可供产果菜7500千克，再加上2500千克鸡粪中的碳素，

含量 625 千克供产果菜 3750 千克。总碳可供产西葫芦、黄瓜、西红柿、茄子果实 1 万千克左右；那么，可供产叶类菜 2 万千克左右。

(2) 鸡粪。鸡粪中含碳也是 25% 左右，含氮 1.63%，含磷 1.5%，667 平方米施鸡粪 1 万千克，可供碳素 2500 千克，然后这些碳素可产瓜果 2500 千克 ×6=15 000 千克。但是，这会导致 667 平方米氮素达到 163 千克，超过 667 平方米合理含氮 19 千克的 8 倍；磷 150 千克，超标准要求 15 千克的 10 倍，肥害成灾，结果是作物病害重，越种越难种，高质量肥投入反而产量上不去。

(3) 秸秆。秸秆中的碳为什么能壮秆、厚叶、膨果呢？

一是含碳秸秆本身就是一个配比合理的营养复合体，固态碳通过地力旺 EM 生物菌液生物分解能转化成气态碳，即二氧化碳，利用率占 24%，可将空气中的一般浓度 300～330 毫克／千克提高到 800 毫克／千克，而满足作物所需的浓度为 1200 毫升／千克，太阳出来 1 小时后，室内一般只有 80 毫克／千克，缺额很大。秸秆中含碳 95% 被地力旺 EM 生物菌液分解直接组装到新生植物和果实上。再是秸秆本身含碳氮比为 80∶1，一般土壤中含碳氮比为 8～10∶1，满足作物生长的碳氮比为 30～80∶1，碳氮比对果实增产的比例是 1∶1。显然，碳素需求量很大，土壤中又严重缺碳。化肥中碳营养极其少甚至无碳，为此，作物高产施碳素秸秆肥显得十分重要。二是秸秆中含氧高达 45%。氧是促进钾吸收的气体元素，而钾又是膨果壮茎的主要元素。再是秸秆中含氢 6%，氢是促进根系发达和钙、硼、铜吸收的元素，这两种气体是壮秧抗病的主要元素。三是按生物动力学而言，果实含水分90%～95%，1千克干物质秸秆可供长鲜果秆是10～12千克，植物遗体是招引微生物的载体，微生物具有解磷释钾固氮的作用，还能携带16种营养并能穿透新生植物的生命物，系平衡土壤营养和植物营养的生命之源。秸秆还能保持土温、透气、降盐碱害，其产生的碳酸还能提高矿物质的溶解度，防止土壤浓度大灼伤根系，抑菌抑虫，提高植物的抗逆性。所以，秸秆加菌液，增产没商量。

其用法为：将秸秆切成5～10厘米段，撒施在田间，与耕作层土35厘米左右内充分拌匀，浇水，使秸秆充分吸透水，定植前15天或栽苗后，随浇定植水冲入地力旺EM生物菌液2千克左右。冲生物菌时不要用消毒自来水，不随之冲化学农药和化肥，天热时在晚上浇，天冷时在20℃以上时浇，有条件的可提前3～5天将地力旺EM生物菌液2千克拌和6～16千克麦麸和谷壳，定植时将壳带菌冲入田间，效果更好。也可以提前1～2个月，将鸡粪、牛粪、秸秆拌和沤制，施前15天撒入地力旺EM生物菌。

（4）应用实例。

李先章用生物技术种植黄瓜667平方米产2.5～3万千克　山东省烟台市李先章，2008年开始按牛粪+生物菌肥+钾等生物集成技术栽培温室黄瓜，品种为烟台硕丰9号，667平方米栽3000株，基施牛粪14方，固体生物有机肥150千克，或一茬用EM生物菌液15千克，施50%硫酸钾25千克，之后随水隔一次冲入含钾40%的液体肥15千克，秧蔓有疯长现象时喷一次800倍液植物诱导剂；有轻度病虫害时叶面喷一次植物修复素1粒拌EM生物菌液50～100克，兑水15千克。连续5年来667平方米一茬产瓜均在2.5万千克左右，2013年667平方米一茬产达3万千克。

李俊旺用生物技术种植黄瓜产量是对照的5倍　山西省新绛县西木赞村李俊旺，2010年种植越冬温室黄瓜，在碳素有机肥和钾施足的情况下，2月份667平方米施地力旺EM生物菌液2千克（随水浇），叶面喷800倍液的植物诱导剂一次（667平方米用粉50克，500克开水冲开，放24小时兑水40千克），10天后，产量是对照的5倍，即采瓜338千克：67千克。

山东烟台刘建章、山东平度王广祥、内蒙古通辽市杨晓明、新疆喀什张宏祥、山西新绛许金良种植黄瓜667平方米投资3500元左右，产量达2.5万千克左右。

何云海种植毛节瓜产量是对照的3倍　海南岛澄迈县永发镇何云海，2010年种植露地毛节瓜，在施足有机肥的情况下，用地力旺EM生物菌液灌根和植物诱导剂喷洒后，结瓜期延长60天，667平方米产量是对照的3倍，即7500千克：2500千克。

付爱虎用生物技术种植西瓜，比对照增产1倍多　山西新绛县南梁村付爱虎，2009年4月14日定植大棚西瓜0.5公顷，选用京欣品种，在施足牛、鸡粪的前提下，于5月5日667平方米冲施地力旺EM生物菌2千克，叶面喷800倍液的植物诱导剂25克，比对照增产1倍多，达5100千克（对照667平方米仅产2500千克左右），品质好、沙甜，667平方米栽800株，单瓜重达6千克左右，而且有20%的瓜是一蔓双瓜。2010年扩大到60亩，仍按此法生产。山东青州市溪坊镇杨村冀红旗亩产达5600千克。

　　朱云山用生物技术种植菜瓜产量增1倍　　河北省青县王呈庄朱云山，自2006年按照生物技术种植温室黄瓜、西红柿，较传统化学技术产量提高1倍左右，2012年春改种菜瓜，667平方米产7000千克，仍用植物诱导剂控秧促瓜，地力旺EM生物菌提高有机肥利用率，控制病虫害，较化学技术的产量3500千克提高1倍。

　　张立堂用生物技术种植甜瓜亩产7500千克，收入5.6万余元　甘肃省酒泉市肃州区东文化街35号张立堂，2012年于国家农业综合开发戈壁滩基地，早春在温室里种植凌玉3号甜瓜，用秸秆、牛粪各5方、鸡粪2方，分6次施地力旺EM生物菌液8千克。植物诱导剂50克，兑80千克水，苗期喷1次，施赛众28钾25千克，甜瓜脆甘。一般栽培株留三侧枝结6瓜，每瓜0.5千克，用生物技术秧子后劲足，每株结瓜12瓜左右，增产近1倍，667平方米栽1350株，产瓜7500千克（品种介绍产量为3000～4500千克），每千克批发价6～12元，平均7.5元，667平方米收入5.6万余元，比化学、有机肥技术增产3500千克，增收2.6万元；价格高15%，又增收1万元左右，较对照总增收3万余元。同年山西繁峙县高占兴用生物技术种植陕甜1号品种，产品达有机食品标准要求，无死秧，无病毒及真、细菌性病害，亩收入6万余元。

　　2. 生物有机肥对作物有七大作用

　　（1）胡敏酸对植物生长的刺激作用。腐植酸中含胡敏酸38%，用氢氧化钠可使胡敏酸生成胡敏酸钠盐和铵盐，施入农田能刺激植物根系发育，增加根系的数目和长度。根多而长，植物就耐旱、耐寒、抗病，生长旺盛。作物又有深根系主长果实，浅根系主长叶蔓的特性，故发达的根系是决定作物丰产的基础。

(2) 胡敏酸对磷素的保护作用。磷是植物生长的中量元素之一，是决定根系的多少和花芽分化的主要元素。磷素是以磷酸的形式供植物吸收的，目前一般的当季利用率只有 15% ～ 20%，大量的磷素被水分稀释后失去酸性，被土壤固定，失去被利用的功效，只有同 EM 地力旺生物菌液或地力旺生物有机肥结合，穴施或条施才能持效。腐植酸肥中的胡敏酸与磷酸结合，不仅能保持有效磷的持效性，并能分解无效磷，提高磷素的利用率。无机肥料过磷酸钙施入田间极易氧化失去酸性而失效，利用率只有 15% 左右。腐植酸有机肥与磷肥结合，利用率提高 1 ～ 3 倍，达 30% ～ 45%，每 667 平方米施 50 千克腐植酸肥拌磷肥，相当于 100 ～ 120 千克过磷酸钙。肥效能均衡供应，使作物根多、蕾多、果实大、籽粒饱满，味道好。

(3) 提高氮碳比的增产作用。作物高产所需要的氮碳比例为 1：30，增产幅度为 1：1。近年来，人们不注重碳素有机肥投入，化肥投量过大，氮碳比仅有 1：10 左右，严重制约着作物产量。腐植酸肥中含碳为 45% ～ 58%，增施腐植酸肥，作物增产幅度达 15% ～ 58%。2008 年，山西省新绛县孝义坊村万青龙，将红薯秧用植物诱导剂 800 倍液沾根，栽在施有 50% 的腐植酸肥的土地上，一株红薯长到 51 千克。由此证明，碳氮比例拉大到 80：1，产量亦高。

(4) 增加植物的吸氧能力。生物有机肥是一种生理中性抗硬产品，与一般硬水结合一昼夜不会产生絮凝沉淀，能使土壤保持足氧态。因为根系在土壤 19% 含氧状态下生长最佳，有利于氧化酸活动，可增强水分营养的运转速度，提高光合强度，增加产量。腐植酸肥含氧 31% ～ 39%。施入田间时可疏松土壤，贮氧吸氧及氧交换能力强。所以，腐植酸肥又被称为呼吸肥料和解碱化盐肥料，足氧环境可抑制病害发生、发展。

（5）提高肥效作用。生物有机肥生产采用新技术，使多种有效成分共存于同一体系中，多种微量元素含量在 10% 左右，活性腐植酸有机质 53% 左右。大量试验证明，综合微肥的功效比无机物至少高 5 倍，而叶面喷施比土施利用率更高。腐植酸肥含络合物 10% 以上，叶面或根施都是多功能的，能提高叶绿素含量，尤其是难溶微量元素发生螯合反应后，易被植物吸收，提高肥料的利用率，所以腐植酸肥还是解磷固氮释钾肥料。

（6）提高植物的抗虫抗病作用。生物有机肥中含芳香核、羰基、甲氧基和羟基等有机活性基因，对虫有抑制作用，特别是对地蛆、蚜虫等害虫有避忌作用，并有杀菌、除草作用。腐植酸肥中的黄腐酸本身有抑制病菌的作用，若与农药混用，将发挥增效缓释能力。对土传菌引起的植物根腐死株，施此肥可杀菌防病，也是生产有机绿色产品和无土栽培的廉价基质。

（7）改善农产品品质的作用。钾素是决定产量和质量的中量元素之一，土壤中钾存在于长石、云母等矿物晶格中，不溶于水，含这类无效钾为 10% 左右，经风化可转化 10% 的缓性有效钾，速效钾只占全钾量的 1% ～ 2%，经腐植酸有机肥结合可使全钾以速效钾形态释放出 80% ～ 90%，土壤营养全，病害轻。腐植酸肥中含镁量丰富，镁能促进叶面光合强度，植物必然生长旺，产品含糖度高，口感好。腐植酸肥对植物的抗旱、抗寒等抗逆作用，对微量元素的增效作用，对病虫害的防治和忌避作用，以及对农作物生育的促进作用，最终表现为改进产品品质和提高产量。生育期注重施该肥,产品可达到出口有机食品标准要求。

目前河南省生产的"抗旱剂1号"，新疆生产的"旱地龙"，北京生产的"黄腐酸盐"，河北省生产的"绿丰95"、"农家宝"，美国产的"高美施"等均系同类产品，且均用于叶面喷施。叶用是根用的一种辅助方式，它不能代替根用，腐植酸有机肥是目前我国唯一的根施高效价廉的专利产品。山西临汾市尧都区基酸厂（0357-2682734，13700583151）生产的地力旺EM生物菌肥利用以上七大优点，增添了有益菌、钾等营养平衡物与作物必需的大量元素，生产出一种平衡土壤营养的复合有机肥，通过在各种作物上作为基肥使用，增产幅度为15%～54%，投入产出比达1：9。如与生物菌、钾、植物诱导剂结合，可提高产量0.5～3 倍。

（8）建议应用方法。腐植酸即风化煤产品30%～50%＋鸡、牛粪或豆饼各15%～30%，每60～100吨有机碳素肥用地力旺EM生物菌液1吨处理后做基肥使用。并配合天然矿物钾或50%硫酸钾，按每千克供产叶菜150千克，产果瓜菜80千克，产干籽粒，如水稻、小麦、玉米0.8千克投入（这3个外因条件必须配合）。另外，每667平方米用植物诱导剂50克，按800倍液拌种或叶面喷洒、灌根，来增强作物抗热、抗冻、冻病性，提高叶片光合强度，控秧蔓防徒长，增根膨果。用植物修复素来打破植物生长顶端优势，营养往下部果实中转移，提高果实含糖度 1.5～2 度，打破沉睡的叶片细胞，提高产品和品质效果明显。

(9)应用实例。2010 年河南省开封市尉氏县寺前刘村刘建民，按牛粪、地力旺生物有机肥压碱保苗，植物诱导剂控秧促根防冻，有益菌发酵腐植酸肥，增施钾膨果、植物修复素增甜增色，蔬菜漂亮，应用这套技术，拱棚西红柿增产 50% 到 1 倍。

2010 年山西省新绛县北古交村黄庆丰，温室茄子用碳素肥＋生物菌＋钾＋植物诱导剂，667 平方米一茬产茄果 2 万千克，收入 4 万元左右。

有机农产品出口日本、韩国、俄罗斯及中东国家，在我国香港、澳门等地也备受欢迎。

三、有机农产品生产主导必需物资——壮根生物菌液

食品从数量、质量上保证市场供应，是民生和"三农"经济低投入、高产出的注目点。利用整合技术成果发展有机农业已成为当今时代的潮流。笔者总结的"碳素有机肥（秸秆、畜禽粪、腐植酸肥等）＋地力旺 EM 生物菌液＋天然矿物硫酸钾＋植物诱导剂＋植物修复素等技术＝农作物产量翻番和有机食品"，2010 年山西省新绛县立虎有机蔬菜专业合作社在该县西行庄、南张、南王马、西南董、北杜坞、黄崖村推广应用，西红柿一年两作 667 平方米产 3 万～4 万千克。

其中，生物菌液在其中起主导作用，该产品活性益生菌含量高、活跃，其应用好处有：①能改善土壤生态环境，根系免于杂、病菌抗争生长，故顺畅而发育粗壮，栽秧后第二天见

效。②能将畜禽粪中的三甲醇、硫醇、甲硫醇、硫化氢、氨气等对作物根叶有害的毒素转化为单糖、多糖、有机酸、乙醇等对作物有益的营养物质。这些物质在蛋白裂解酶的作用下，能把蛋白类转化为胨态、肽态可溶性物，供植物生长利用，产品属有机食品。避免有害毒素伤根伤叶，作物不会染病死秧。③能平衡土壤和植物营养，不易发生植物缺素性病害，栽培管理中几乎不考虑病害防治。④土壤中或植物体沾上地力旺EM生物菌液，就能充分打开植物二次代谢功能，将品种原有的特殊风味释放出来，品质返璞归真，而化肥是闭合植物二次代谢功能之物质，故作用产品风味差。⑤能使害虫不能产生脱壳素，用后虫会窒息而死，减少危害，故管理中虫害很少，几乎不大考虑虫害防治。⑥能将土壤有机肥中的碳、氢、氧、氮等营养以菌丝残体的有机营养形态供作物根系直接吸收，是光合作用利用有机质和生长速度的3倍，即有机物在自然杂菌条件下的利用率20%～24%，可提高到100%，产量也就能大幅度增加。⑦能大量吸收空气中的二氧化碳（含量为330毫克/千克）和氮（含量为79.1%），只要有机碳素肥充足，地力旺EM生物菌液撒在有机肥上，就能以有机肥中的营养为食物，大量繁殖后代（每6～20分钟生产一代），便能从空气中吸收大量作物生长所需营养，由自然杂菌吸收量不足1%提高到3%～6%，也就满足了作物生长对氮素的需求，基本不考虑再施化学氮肥。⑧地力旺EM生物菌液能从土壤和有机肥中分解各种矿物元素，在土壤缺钾时，除补充一定数量的钾外（按每50%硫酸钾100千克，供产鲜瓜果8000千克、供产粮食800千克投入，未将有机肥及土壤中原有的钾考虑进去）。其他营养元素就不必考虑再补充了。⑨据中国农科院研究员刘立新研究，生物菌分解有机肥可产生黄酮，氢肟酸类、皂苷、酚类、有机酸等是杀杂、病菌物质。分解产生胡桃酸、香豆素、羟基肟酸能抑草杀草。其产物有葫芦素、卤化萜、生物碱、非蛋白氨基酸、生氰糖苷、环聚肽等物，具有对虫害的抑制和毒死作用。⑩能分解作物上和土壤中的残毒及超标重金属，作物和田间常用地力旺EM生物菌液或用此菌生产的有机肥，产品能达到有机食品标准要求。2008—2010年山西省新绛县用此技术生产的蔬菜，供应深圳与香港、澳门地区及中东国家，在国内外化验全部合格。⑪梅雨时节或多雨区域，作物上用地力旺EM生物菌液，根系遇连阴天不会太萎缩，太阳出来也就不会闪苗凋谢死秧，可增强作物的抗冻、抗热、抗逆性，与植物诱导剂（早期用）和植物修复素（中后期可用）结合施用，真、细菌、病毒病不会对作物造成大威胁，还可控秧促根，控蔓促果，提高光合强度，促使产品丰满甘甜。⑫田间常冲生物菌液，能改善土壤理化性质，化解病虫害的诱生源，选用含淡紫青霉菌，每克20亿者每667平方米冲5千克就可从根本上防止作物根癌发生发展（根结线虫）。⑬盐碱地是缺有机质碳素物和生物菌所致，将二者拌和施入作物根下，就能长庄稼，再加入少量矿物钾，3个外因能满足作物高产优质所需的大量营养，加上在苗期用植物诱导剂，中后期用植物修复素增强内因功能，作物就可以实现优质高产了。

　　理论和实践均证明，农业上应用生物技术成果的时机已经到来，综合说明地力旺EM生物菌液是有机农产品生产的主导必要物资，能量作用是巨大的，哪里引爆哪里就有收获。

四、土壤保健瑰宝——赛众28钾硅调理肥

赛众28钾硅肥是一种集调理土壤生物系统和物质生态营养环境于一身的矿物制剂，已经北京五洲恒通认证公司认定为有机农产品准用物资。

其主要营养成分是：含硅42%，施入田间可起到避虫作用；含天然矿物速效钾8%，起膨果壮秆作用；含镁3%，能提高叶片的光合强度；含钼对作物起抗旱作用；含铜、锰，可提高作物抗病性；含多种微量和稀土元素可净化土壤和作物根际环境，招引益生菌，从而吸附空气中的养分，且能打开植物次生代谢功能，使作物果实生长速度加快，细胞空隙缩小，产品质地密集，含糖度提高，上架期及保存期延长，能将品种特殊风味素和化感素释放出来，达到有机食品标准要求。

防治各种作物病的具体用法：

作物发生根腐病、巴拿马病。根据植株大小施赛众28钾硅肥料若干，病情严重的可加大用量，将肥料均匀撒在田间后深翻，施肥后如果干旱，就适量浇水。

作物发生枯萎病。在播种前结合整地667平方米施赛众肥料50～75千克，病害较重田块要加大肥量25千克，苗期后在叶面连续喷施赛众28肥液5～8次即可防病。

作物遭受冻害、寒害。发现受害症状，立即用赛众28浸出液喷施在叶面或全株，连续5次以上，可使受害的农作物减

轻危害，尽快恢复生长。

作物发生流胶病。在没有发病的幼苗施赛众28肥料可避免病害发生。已发病作物，根据发病程度和苗情一般667平方米施20千克左右，若发病重，则适当增施。

作物发生小叶、黄叶病。每667平方米田间施25千克赛众28钾硅肥料，大秧和发病重的增至40千克，同时叶面喷施赛众28钾硅肥液，每5天喷1次，连续喷施5次以上。

防治重茬障碍病。瓜、菜类作物根据重茬年限在（播）栽前结合整地，667平方米施赛众28肥料25～50千克，同时用赛众28拌种剂拌种或肥泥蘸种苗移栽。补栽时每个栽植坑用肥少许，撒在挖出的土和坑底搅匀，再用赛众28拌种剂肥泥蘸根栽植。

腐烂病防治。在全园撒施赛众28肥料的基础上，用1份肥料与3份土混合制成的肥泥覆盖病斑，用有色塑膜包扎即可。

农作物遭受除草剂或药害后的解救法。发现受害株后立即用赛众28钾硅肥料浸出液喷施受害作物，5天喷1次，连续喷洒5～7次即可，能使作物恢复正常生长。在叶面上喷植物修复素也可解除除草剂药害。

叶面喷洒配制方法。5千克赛众28钾硅肥料＋水＋食醋，置于非金属容器里浸泡3天，每天搅动2～3次，取清液再加25千克清水即可喷施。一次投肥可连续浸提5～8次，以后加同量水和醋，最后把肥渣施入田间。浸出液可与酸性物质配合使用。

五、提高有机农作物产量的物质——植物诱导剂

植物诱导剂是由多种有特异功能的植物体整合而成的生

物制剂，作物沾上植物诱导剂能使植物抗热、抗病、抗寒、抗虫、抗涝、抗低温弱光，防徒长，作物高产优质等，是有机食品生产准用投入物（2009年4月4日被北京五洲恒通有限公司认证，编号GB/T 19630.1—2005）。

据内蒙古万野食品有限公司2007年2月28日化验，叶面喷过植物诱导剂的番茄果实中，含红色素达6.1～7.75毫克/100克，较对照组3.97～4.42毫克/100克，增加了58%～75.3%（红色素系抗癌、增强人体免疫力的活力素）。所以植物诱导剂喷洒在作物叶片上就可增加番茄红色素2～3倍。同时番茄挂果成果多，可减少土壤中的亚硝酸盐含量，只有22～30毫克/千克，比国家标准40毫克/千克含量也降低了许多，同时食品中的亚硝酸盐含量也降低了许多。另据甘肃省兰州市榆中绿农业科技发展公司2000年12月21日化验，黄瓜用过植物诱导剂后，其叶片净光合速率是对照组的3.63～5.31倍。

植物诱导剂被作物接触，光合强度增加50%～491%（国家GPT技术测定），细胞活跃量提高30%左右，半休眠性细胞减少20%～30%，从而使作物超量吸氧，提高氧利用率达1～3倍，这样就可减少氮肥投入，同时再配合施用生物菌吸收空气中的氮和有机肥中的氮，基本可满足80%左右的氮供应，如果667平方米有机肥施量超过10方，鸡、牛粪各5方以上，在生长期每隔一次随浇水冲入地力旺EM生物菌液1～2千克，就可满足作物对钾以外的各种元素的需求了。

作物使用植物诱导剂后，酪氨酸增加43%，蛋白质增加25%，维生素增加28%以上，就能达到不增加投入、提高作物产量和品质的效果。

光合速率大幅提高与自然变化逆境相关，即作物沾上植物诱导剂液体，幼苗能抗7～8℃低温，炼好的苗能耐6℃低温，免受冻害，特别是花芽和生长点不易受冻。2009年河南、山西出现极端低温−17℃，连阴数日后，温室黄瓜出现冻害，而冻前用过植物诱导剂者则安然无恙。

因光合速率提高，植物体休眠的细胞减少，作物整体活动增强，土壤营养利用率提高，浓度下降，使作物耐碱、耐盐、耐涝、耐旱、耐热、耐冻。光合作物强、氧交换能量大，高氧能抑菌灭菌，使花蕾饱满，成果率提高，果实正、叶秆壮而不肥。

作物产量低，源于病害重，病害重源于缺营养素，营养不平衡源于根系小，根系小源于氢离子运动量小。作物沾上植物诱导剂，氢离子会大量向根系输送，使难以运动的钙、硼、硒等离子活跃起来，使作物处于营养较平衡状态，作物不仅抗病虫侵袭性强，且产量高，风味好，还可防止氮多引起的空心果、花面果、弯曲果等。这就是植物诱导剂与相应物质匹配增产优异的原因。

一是因为碳素物是作物生长的三大主要元素，在作物干物质中占45%左右，应注重施碳素有机肥。二是因为地力旺EM生物菌与碳素物结合，益生菌有了繁殖后代的营养物，碳素物在益生菌的作用下，可由光合作用利用率的20%～24%提高到100%，76%～80%营养物是通过根系直接吸收利用，所以作物体生长就快，可增加2～3倍，我们要追求果实产量，就要控制茎秆生长，提高叶面的光合强度，植物诱导剂就派上用场，能控秧促根，控蔓促果，使叶茎与果实由常规下的5：5，改变为3～4：6～7，果实产量也就提高20%～40%。

植物诱导剂1200倍液，在蔬菜幼苗期叶面喷洒，能防治真、细菌病害和病毒病，特别是西红柿、西葫芦易染病毒病，早期应用效果较好。作物定植时按800倍液灌根，能增加根系0.7～1倍，矮化植物，营养向果实积累。因根系发达，吸收和平衡营养能力强，一般情况下不沾花就能坐果，且果实丰满漂亮。

生长中后期如植物株徒长，可按600～800倍液叶面喷洒控秧。作物过于矮化，可按2000倍液叶面喷洒解症。因蔬菜种子小，一般不作拌种用，以免影响发芽率和发芽势。粮食作物每50克原粉沸水冲开后配水至能拌30～50千克种子为准。

具体应用方法：取50克植物诱导剂原粉，放入瓷盆或塑料盆（勿用金属盆），用500克开水冲开，放24～48小时，兑水30～60千克，灌根或叶面喷施。密植作物如芹菜等可667平方米放150克原粉用1500克沸水冲开液随水冲入田间，稀植作物如西瓜667平方米可减少用量至原粉20～25克。气温在20℃左右时应用为好。作物叶片蜡质厚如甘蓝、莲藕，可在母液中加少量洗衣粉，提高黏着力，高温干旱天气灌根或叶面喷后1小时浇水或叶面喷一次水，以防植株过于矮化并提高植物诱导剂效果。植物诱导剂不宜与其他化学农药混用，而且用过植物诱导剂的蔬菜抗病避虫，所以也就不需要化学农药。

用过植物诱导剂的作物光合能力强，吸收转换能量大，故要施足碳素有机肥，按每千克干秸秆长叶菜10～12千克，果菜5～6千克投入，鸡、牛粪按干湿情况酌情增施。同时增施品质营养元素钾，按50%天然矿物钾100千克，产果瓜8000千克，产叶菜1.6万千克投入，每次按浇水时间长短随水冲施10～25千克。每间隔一次冲施地力旺EM生物菌液1～2千克，提高碳、氢、氧、钾等元素的利用率。

2010年山西省新绛县南王马村和襄汾县黄崖村用生物技术，夏秋西红柿667平方米产1万～2万千克，而对照全部感染病毒病而拔秧。

六、作物增产的"助推器"——植物修复素

每种生物有机体内都含有遗传物质，这是使生物特性可以一代一代延续下来的基本单位。如果基因的组合方式发生变化，那么基因控制的生物特性也会随之变化。科学家就是利用了基因这种可以改变和组合特点来进行人为操纵和修复植物弱点，以便改良农作物体内的不良基因，提高作物的品质与产量。

植物修复素的主要成分：B-JTE泵因子、抗病因子、细胞稳定因子、果实膨大因子、钙因子、稀土元素及硒元素等。

作用：具有激活植物细胞，促进分裂与扩大，愈伤植物组织，快速恢复生机；使细胞体积横向膨大，茎节加粗，且有膨果、壮株之功效，诱导和促进芽的分化，促进植物根系和枝杆侧芽萌发生长，打破顶端优势，增加花数和优质果数；能使植物体产生一种特殊气味，抑制病菌发生和蔓延，防病驱

虫；促进器官分化和插、栽株生根，使植物体扦插条和切茎愈伤组织分化根和芽，可用于插条砧木和移栽沾根，调节植株花器官分化，可使雌花高达70%以上；平衡酸碱度，将植物营养向果实转移；抑制植物叶、花、果实等器官离层形成，延缓器官脱落、抗早衰，对死苗、烂根、卷叶、黄叶、小叶、花叶、重茬、落铃、落叶、落花、落果、裂果、缩果、果斑等病害症状有明显特效。

功能：打破植物休眠，使沉睡的细胞全部恢复生机，能增强受伤细胞的自愈能力，创伤叶、茎、根迅速恢复生长，使病害、冻害、除草剂中毒等药害及缺素症、厌肥症的植物24小时迅速恢复生机。

提高根部活力，增加植物对盐、碱、贫瘠地的适应性，促进气孔开放，加速供氧、氮和二氧化碳，由原始植物生长元点，逐步激活达到植物生长高端，促成植物体次生代谢。植物体吸收后8小时内明显降低体内毒素。使用本品无须担心残留超标，是生产绿色有机食品的理想天然矿物物质。

用法：可与一切农用物资混用，并可相互增效1倍。

适用于各种植物，平均增产20%以上，提前上市，糖度增加2度左右，口感鲜香，果大色艳，保鲜期长，耐贮运。

育苗期、旺长期、花期、坐果期、膨大期均可使用，效果持久，可达30天以上。

将胶囊旋转打开，将其中粉末倒入水中，每粒兑水14～30千克叶面喷施，以早晚20℃左右时喷施效果为好。

总而言之，应用五大要素整合创新技术，可以使土壤健康，从而打开植物的二次代谢功能，提高产量。

西方观念对疾病的处理态度是清除病毒病菌，从用西药到切除毒物均是缘于这种观念，所以在生产有机蔬菜上是讲干净环境，无大肠菌，从用化肥、化学农药到禁用化学农药与化肥，在作物管理上是跟踪、监控、检测，产量自然低，品质自然差。

中国人的观念是对病进行调理，人与自然要和谐相处，包括病毒、病菌、抗生素和有益菌。所以，中国式传统农业是有机肥+轮作倒茬，土壤和植物的保健作业。在生产有机食品上的现代做法是，碳素有机肥+EM生物菌+植物诱导剂+赛众28钾肥等。主次摆正，缺啥补啥，扬长补短。

在栽培管理上，注重中耕伤根、环剥伤皮、打尖整枝伤秧、利用有益菌等，打开植物体二次代谢功能而增产，保持产品原有风味。

中国农业科学院土肥所刘立新院士从2000年开始提出用农业生产技术措施，在生产有机农业产品上意义重大。他提出"植物营养元素的非养分作用"，就是说作物初生根对土壤营养的吸收利用是有限的，而通过育苗移栽，适当伤根，应用有益生物菌等作物根系吸收土壤营养的能力是巨大的，这就是植物次生代谢功能的作用。

用有益菌发酵分解有机碳素物，是选择特殊微生物，让作物发挥次生代谢作用，可以实现营养大量利用和作物高产优质。比如秸秆、牛粪、鸡粪施在田间后，伴随冲施地力旺EM生物菌，作物体内营养在光合作用大循环中，将没有转换进入果实的营养，在没有流向元点时，中途再次进入营养循环系统去积累生长果实，即二次以后不断进行营养代谢循环，就能提高碳素有机物利用率1～3倍，即增产1～3倍。

作物缺氮不能合成蛋白质，也就不能健康生长，影响产量。施氮，其中的硝酸盐、亚硝酸盐污染作物和食品，使生产有机食品成为一个难题。而用地力旺EM有益菌+氨基酸与有机碳素物结合，成为生物有机肥，可以吸收空气中的氮和二氧化碳，解决作物所需氮素营养的40%～80%，加之有机肥中的氮素营养，就能满足作物高产优质对氮的需要。在缺钾的土壤中施钾；用植物诱导剂控秧促根，提高光合强度，激活叶面沉睡的细胞；地力旺EM生物菌在碳素有机肥的环境中，扩大繁殖后代，可比对照增产1～5倍；其中的原因就是地力旺EM生物菌打开了植物二次代谢物质充足供应的重要作用。

有机肥内的腐植质中含有百里氢醌，能使土壤溶液中的硝酸盐在有益微生物菌活动期间提供活性氢，在加氢反应后还原成氨态氮，不产生和少产生硝酸盐，植物体内不会大量积累这类物质，土壤健康，植物就健康；食品安全，人体食用后也就健康。

土壤中有了充足的碳素有机肥、地力旺EM生物菌和赛众28矿物营养肥，土壤就呈团粒结构良好型、含水充足型、抗逆型、含控制病虫害物质型。

其中分解物类有黄酮、氢肟酸类、皂苷、酚类、有机酸等有杀杂菌作用的物质；分解产生的胡桃酸、香豆素、羟基肟酸，能杀死杂草；其产物中有葫芦素、卤化萜，生物碱，非蛋白氨基酸、生氰糖苷、环聚肽等物，具有对虫害的抑制和毒死作用。

碳素有机肥在有益菌的作用下，与土壤、水分结合，使植物产生次生代谢作用形成氨基酸，氨基酸又能使植物产生丰富的风味物质，即芳香剂、维生素P、有机酸、糖和一萜类化合物，从而使农产品口感良好，释放出品种特有的清香酸甜味。

日本专家认为，过去土壤管理存在失误，被非科学"道理"忽悠着，钱花了、色绿了、作物长高了，产量却徘徊不前，甚至品质下降了，病虫害加重了。化学物的施用，成本高了、污染重了，农业生产出次品，人吃带毒食品，后代健康受到巨大影响。

土壤中凡用过化肥、化学农药的，其作物就具有螯合的中微量元素，即具有供应电子和吸收电子功能，导致元素间互相拮抗，从而闭合植物的次生代谢功能，自然营养利用率就低。而给土壤投入地力旺EM生物菌和赛众28矿物营养肥，打开作物次生代谢之门，化感物质和风味物质就会大量形成，栽培环境就成为生命力强的土壤健康状态。

第三节　实例分析

1. 瞿国辉温室春黄瓜800平方米产2.8万千克

河北省固安县小杜庄瞿国辉2009年在温室内种植春黄瓜800平方米，按碳素有机肥＋地力旺EM生物菌液＋钾＋植物诱导剂+植物修复素=有机蔬菜五要素管理，共产瓜2.8万千克，收入5.2万元。

瞿国辉的春黄瓜生产操作要素 一是选用天津绿丰园艺新技术开发公司生产的"盛丰2号"黄瓜品种，沾木选用黄皮南瓜籽——金钢品种，667平方米备子4000粒，需嫁接健壮苗3300株左右，按1米横距起垄，1.3米宽幅地膜覆盖，不等式株距定植，即南部25厘米，中部27厘米，北部30厘米，667平方米栽3300株左右，地膜始终不取，棚膜选用浑江聚氯乙稀绿色膜，1～4月份光弱期透温保温性好，5～8月份膜上吸尘土能起到遮阴降温作用，始终不通南边底缝，下雨时合上顶缝，产瓜刺密而浅；瓜形正、长30～35厘米，单瓜重140～170克，皮色亮、抗病、增产潜力大，生物学特性优势发挥与栽培五要素正相关。二是2008年12月10日下种，床土用牛粪生物菌，不用化肥；幼苗期喷一次300倍液的硫酸铜，浇一次地力旺EM生物菌液，苗龄45天。三是基施入1400平方米田的玉米秸秆，大约合干秸秆2200千克，鸡粪10方，过磷酸钙50千克，用2千克地力旺EM生物菌液分解成碳素有机肥。四是11月25日定植，800平方米栽苗4000株，垄高20厘米。栽后用植物诱导剂灌根一次，控制植株徒长，节短瓜密。五是苗期控水"蹲"苗。2月25日始收，结瓜期随水一次冲入地力旺EM生物菌液1千克，一次冲入45%硫酸钾8～10千克，连用2次硫酸钾冲一次地力旺EM生物菌液。到8月份，共冲地力旺EM生物菌液15千克，45%硫酸钾200千克，生长期叶面喷施植物修复素3次，每次3粒兑水45千克。节茎长8厘米左右，秧不徒长，单株结瓜

60个左右，株产7千克，总产2.8万千克，收入5.2万余元。按此技术，比邻地早春茬和越冬茬，主施鸡粪、化肥者增产增收1倍以上。

瞿国辉春黄瓜生产技术操作与投入参数分析　一是品种优良。商品性状好，市场走俏，价格略高。二是苗期防病得领。生长期无缺苗现象。三是碳素肥充足。每千克碳可供长植株整体24千克，长瓜12～14千克。干秸秆含碳45%，每千克干秸秆按产瓜6千克计算，可维持1.3万千克产量；干鸡粪中含碳25%，每千克可供产瓜4千克左右。1万千克湿鸡粪按每千克产瓜2千克计，其中的碳素可供产瓜2万千克。秸秆、鸡粪中碳总量可维持产瓜3.3万千克。纯干鸡粪中含氮1.63%（烘干鸡粪中氮损失60%），因纯度、雨淋及堆积、生物分解等因素，含氮按50%计算，总量为80千克左右，每千克纯氮可供产瓜380千克，可维持产瓜3万千克；因黄瓜根对土壤浓度及氨气有一定的回避能力，800平方米施10方正适中，用量不易再加大。纯鸡粪中含磷1.5%，10方鸡粪中磷含量达150千克，因湿鸡粪含水量为50%，故按75千克计，每千克磷可供产瓜660千克，又基施过磷酸钙50千克，磷在土壤中已超1倍，又因不断冲入地力旺EM生物菌液分解土壤中粗颗粒磷和有机肥中的磷，使之保持弱酸性，土壤不板结。黄瓜花芽分化好，瓜码始终密，着瓜正常，基本节节有瓜，能满足生长需要。四是用准植物诱导剂。定植时667平方米用50克原粉，按800倍液稀释，栽完灌根，用法及用时准确，增根明显，营养平衡，茎叶始终无大病生长，在6月份之后没有受到高温强光的影响，保持健壮生长，几乎无空节，着瓜好而形状正。五是合理稀植。叶茎互相不遮阴，叶片大小适中，植株挺拔，光合强度大，营养积累多。六是用钾适当。干秸秆中含钾1.1%，合纯钾24千克；干鸡粪中含钾0.85%，10方湿鸡粪含钾按50千克计。每千克钾可供产瓜170千克，有机肥中的氧化钾可维持产瓜1.2万千克，管理中后期再冲入200千克45%硫酸钾，可维持产量1.5万千克，满足667平方米产瓜2.75万千克钾需求。七是生长期叶面喷植物修复素3次，瓜亮而直，口感好，能激活植物边缘沉睡细胞，生长势强，抗病，能愈合病虫害伤口，植株保持健康生长，增产突出。八是用地力旺EM生物菌固氮、解磷、释钾，分解有机肥中的碳、氢、氧三大元素，可以菌克菌、有益菌占领生态位，不易染真、细菌病害；疏松土壤，提高地温保护植株根系；可将土壤中的碳、氮、氢、氧以菌丝团体形态通过根系直接进入新生植物体，是光合作用利用有机质和形成产品速度的3倍。十是因鸡粪施用较多，氮、磷使土壤相对恶化，后期黄瓜根系产生轻度根结线虫，相应地增加地力旺EM生物菌液用量15千克，阿维菌素2千克冲入田间，平衡土壤营养，化解根结线虫。因没有在地面施稻壳、谷壳和麦壳或赛众28钾硅肥等含硅元素丰富的物质，田间有轻度白粉虱危害，667平方米应施壳肥300~500千克，或赛众28调理肥25千克，可避虫。

另外，来年应增加秸秆用量30%，降低鸡粪用量30%，即可做到持续高产优质，按此技术生产的黄瓜，无需施用化学农药，产品属有机黄瓜。

瞿国辉温室春黄瓜投入产出估算：鸡粪10方投入1300

元，秸秆收采费200元，过磷酸钙50千克40元，硫酸钾200千克900元，地力旺EM生物菌液15千克300元，植物诱导剂50克25元，植物修复素10粒50元，农资总投入2815元，收入5.2万元，投入产出比为1：18.5。

2. 朱国娟温室一大茬春黄瓜有机栽培667平方米产瓜2.2万千克

内蒙古呼和浩特市朱国娟2012年种植一大茬春黄瓜，选用津优35号，667平方米栽3500株，施鸡、牛粪各10方，地力旺EM生物菌液15千克（每次1～2千克），50%硫酸钾150千克（每次10～15千克），植物诱导剂50克（800倍液叶面喷洒），667平方米产瓜2.2万千克，收入4.8万余元，比过去用化学技术增产1万千克左右，增收近2万元。

3. 有机黄瓜栽培技术介绍

茬口与品种 越冬茬选用津优35号、绿冠、裕优3号等产量高、抗性强、宜嫁接、耐低温弱光的品种。温室越冬栽培667平方米产2.5万千克。

营养土培制 园土4份、腐熟8成的牛粪4份、财吉牌腐植酸肥2份，拌地力旺EM生物菌液0.5千克，磷酸二氢钾1千克，混匀过筛入营养钵或整理成阳畦待播。营养合理，透气性好，土团不易松散。不用杀菌剂、未腐熟粪肥和化肥。

温度掌握四高低 ①催芽时温度要高(30～33℃)，10℃以下胚根露出时易出现疙瘩芽，生长不良，70%出芽后降温(25℃左右)，防止胚根细长。②下种后温度应升高，提高地温，促苗出土，出土后降温，防止徒长成高脚苗。③嫁接后升温，促进营养运转，伤口愈合后(4～5天)降温，防止高温高湿染病。④定植时选好天气升温进行移栽，活化植物体内激素，栽后苗不倒、缓苗快，缓苗后降温，以利控秧扎根。

水分供给防"三饱"　①浸种不宜时间过长，以种子吸足水分为准，一般为4小时左右，谨防长期浸泡种子其激素外渗出现气泡子，影响发芽率和发芽势。②苗床不宜浇水过饱，以灌3～4厘米深水，15分钟内渗完为佳，谨防水足床土缺氧烂子。③定植后田间不宜浇水过勤过饱，谨防根系不深扎，严重影响产量。

光照把握三弱强　①催芽时遮阳，种子在阴暗的弱光下易出芽，出苗齐；"露白"后见光(3～4万勒克司)，促叶厚茎壮。②下种时弱光下促出土；苗出土后强光促扎根。③定植后缓苗，在弱光下促花芽分化多生雌花，定植时选晴天促缓苗。

施肥注重营养全　产量高不在施肥重，而在于营养全。嫁接前以种子胚内营养维持生长，不需施用化肥，只需腐熟有机杂粪4份，熟化阳土6份混合，作成3～4厘米的高畦即可。嫁接后苗床施入少许磷酸二氢钾，勿用氮素化肥。定植前667平方米，穴施黄瓜专用肥60千克（含氮、磷、钾比例为11∶10∶7）及有机粪肥等，谨防施氮肥过重出现秧蔓"龟缩头"，施磷肥过重出现花打顶，施钾肥过多诱发缺锌、导致矮化苗等情况。以施肥调节好地下部和地上部、营养生长和生殖生长的关系，结瓜期氮磷钾比例为2.4∶0.9∶4.5，老化秧补锌。空洞瓜、叶脉叶缘黄补硼；新叶薄下叶黄补氮；秧壮幼瓜多补钾；缺瓜补磷；新叶鲜黄补铁；叶脉绿、脉间黄补锰；叶片发脆、边缘褪绿枯干发黄补镁；叶肥厚弯曲不展、叶面着生灰粉霉层补硅；中叶无光色淡补硫；新叶边缘上卷呈铁锈色补铜；新叶萎缩枯干、生长点腐烂坏死补钙。

防病需按两步走　首先，要在保障植物所需各类营养素的基础上防病。如病毒病与缺锌缺硅有关，667平方米施1千克锌、硅矿物肥就可以缓解此病的发展；真菌性病害也与缺钾缺硼有关，满足生物钾和硼砂667平方米1.5千克供应就可能增强植株抗病能力，降低霜霉病、灰霉病、茎秆裂口发病率。缺铜缺钙也是发生细菌性病害的诱因，在田间用腐殖酸有机肥、风化煤灰或石灰粉就可大大降低黑根症、猝倒病、蔓枯病的发生和蔓延。其次，是站在栽培措施的立场上防病。如湿度大是百病发生之源，控制湿度就可以控制真菌、细菌病害的发生发展；灭虫降温就可防止病毒病的发生以及高温徒长或脱水苗易染病；土壤过黏、过细造成含氧量不足或缺水根系出现反渗透必然苗弱染病。低温高湿期可用DT、农用链霉素防治细菌性病害。

科学管理把握五要素　一是667平方米基施牛粪6000千克，鸡粪4000千克；二是施地力旺生物有机肥200千克或者地力旺EM生物菌液2千克（总共备地力旺EM生物菌液15千克）；三是备45%天然矿物钾150千克（每次随水冲施7～15千克）；四是备硫酸铜0.3千克，配制波尔多液每7～15天叶面喷洒一次，防病害；五是定植时用植物诱导剂灌根一次。

下种分栽　种子冰冻或55℃热水浸种，捞出用铜制品消毒，置30℃温水浸泡4～6小时，取若干烧过的新蜂窝煤，粉碎过筛，放置盆中，将种子均匀播入，浸湿3天即可出齐。芽壮、耐寒、抗病、子叶大。浸种要搅水透气，勿缺氧窒息烫死。二叶一心时，从煤渣盆中起出，分栽入营养钵或阳畦。用有益生物菌或铜制剂700倍液灌根，防治猝倒病引起的死秧。先用铜制剂后用生物菌为好，不能同时混用。

适宜温室结构　7～8米跨度的鸟翼形矮后墙长后坡生态温室，适宜越冬一大茬续老株再生。室内冬至时最低温度在10℃以上，可栽培嫁接黄瓜。9～12米跨度适宜安排延秋茬续早春茬，一年两作。保证高产、高效。越冬茬黄瓜与南瓜嫁接，延秋茬或早春茬自生根即可。

选膜要求　聚乙烯紫光膜冬季温高（1～2℃），透光率多（5%～10%），适宜在4月份前高产优质栽培覆盖。聚乙烯三层复合绿色无滴膜越冬透光好、保温，4月后遮阳效果好，生长采收期长。早春或延秋茬宜选绿色聚乙烯无滴膜和白色膜，耐老化、不吸尘，成本低廉。冬擦棚膜，夏遮阳可增产34%左右。

肥料运筹　温室按667平方米产2.5万千克计算，每千克碳可供产瓜24千克，第1茬或土壤瘠薄，需多施土壤缓冲量1倍左右，共投碳素营养2000千克，第2茬减半，氮31.4千克，磷18千克，钾42千克；早春大棚和露地产量低，可按比例下浮用肥30%～60%。基肥667平方米施含碳45%干玉米秸秆4000千克堆沤肥，含碳量1800千克，含氮0.45%合18千克，含磷0.22%合8.8千克，含钾0.57%合22.8千克；或牛马羊粪7000千克，含碳25%合1750千克。含碳50%的腐植酸肥200千克，合100千克，计含碳1900千克。再拌鸡粪1500千克，含碳25%合375千克，含氮1.6%合24千克，含磷1.5%合22.5千克，含钾0.85%合12.75千克。两肥合并含碳2275千克左右，生长中后期还需追施少量碳素肥,如含碳8%人粪尿2500千克，分5次施，或含碳25%鸡猪粪肥1000千克左右，为碳满足。含氮总量56千克，磷36千克，钾52千克，允许土壤缓冲氮磷超量30%左右，需667平方米施地力旺EM生物菌液2千克，吸纳保护氮素；不断分解磷，防止失去酸性而与土壤凝结失效，并均衡供应。52千克钾相等于含钾45%的矿物钾115千克，按每千克产瓜50千克计算，可维系产量0.6万千克左右，尚需在结瓜中后期补充45%生物钾180千克，为产瓜1.5万千克钾满足，3年以上的地块施肥可少30%左右，常用生物菌可吸纳空气中的氮（含量79.1%)和二氯化碳（含量300毫克/千克），即可达到植物和土壤营养平衡。鸡粪过多会引起氮多伤根死秧，磷多土壤板结。碳、钾充足，氮、磷不浪费、不过多成害，土壤可持续利用。因土壤中677平方米保持19千克氮为浓度平衡，磷保持酸性才能均衡供应，故肥混合沤制后1/3普施，2/3沟深施。不需补充氮、磷化学混合肥料。

　　温度　　白天室温控制在25～32℃，前半夜18～16℃，后半夜10～12℃;地上与地下、营养生长与生殖生长平衡。小瓜少白天温度降至20～24℃诱生幼瓜，小瓜多温度升到30～32℃促长大瓜。

　　水分　　结瓜期要求保持空气湿度85%，棚南沿部和顶部开两道缝，及时排湿。20℃以上即可浇水，生长中后期保持小水勤浇。要求保持土壤含氮100毫克／千克，磷24～40毫克／千克，钾240毫克／千克，每次最佳施入量45%生物钾为24千克，土壤持水量75%，共浇40水左右。秧蔓不脱水，叶背少积水防染病。每次浇水按比例施生物剂或钾肥，勿白水空浇。越冬茬、延秋茬地膜迟盖；早春茬栽苗时及时盖，勿开底缝通风。

光照　光照下限为1万靳克斯，上限5.5万靳克斯。小瓜少创造低温弱光短日照环境诱生幼苗，小瓜多创造高温强光长日照环境增产量。光过强遮阳，过暗吊灯、挂反光幕。施生物菌擦膜增光。防止光强灼伤叶，光弱根萎缩。

缚蔓　冬至前后和5～7月低温、高温期，蔓落到1.3米左右，9～11月和2～4月蔓提高到1.7米左右充分利用空间，避免热、冻伤秧。摘除黄、老、密、伤、病叶，腋芽，防止产生乙烯使植株衰老加快或浪费营养。

气体　白天太阳出来1小时后，将夜间所生二氧化碳吸收，10～12时人为补充。如施足碳素粪肥，并分期施10次左右地力旺EM生物菌液，二氧化碳可达长期较满足效果。碳氮比为60∶1，增产0.6～1倍。谨防施生鸡粪和人粪尿过多产生氨气伤秧，造成栽培失败。

防死秧　第二作后或发现枯萎病，667平方米浇地力旺EM生物菌液2千克占领生态位，一般不会出现粪害、病害。定植后，灌一次植株诱导剂壮根控叶，自身调节力强，可防死秧。喷施铜、锌、锰等营养剂平衡植株，健壮生长，营养平衡不死秧。勿用化学农药，否则灭菌快，但杂菌繁衍也快。用药浓度大，菌虫体快速形成保护层，药液渗透性差，效果不好，植株抗性下降，中后期难管理。

补充营养素防病　细菌性病害如角斑病等，叶面或根施钙、铜素；真细菌性病轻度时用硫酸铜、肥皂各50克化开；中度病害用硫酸铜和碳铵各50克；重度病害用硫酸铜50克、生石灰40克（分开化，同时倒入容器）兑水14千克，20～23℃时叶背面喷洒防治。叶萎缩用50克过磷酸钙、50克米醋兑14千克水，过滤喷洒补钙，防病效果优异。真菌性病害如霜霉病、白粉病施钾硼素；僵、老化株，肥、药害株，667平方米追施EM地力旺生物菌1千克，一次即可；大头瓜、弯瓜、裂口、产量低补钾、硼（热水化开667平方米施0.5千克，一生只需用1～2次），心叶黄补铁，下叶黄补氮，整株叶黄补镁，叶垂补钙。病毒性病害浇水降温，喷锌、硅素灭虫；花小叶僵秧，及时补施腐植酸肥补碳、镁、锌等。配合降温（15～21℃）、降湿、稀植等措施防病。环境营养平衡少染病。营养素用量勿过大，经常喷施地力旺EM生物菌，调平植物内在营养素。

覆盖物　冬季早揭早盖草苫，早见光夜温高；高温长日照期迟揭早盖，创造短日照环境，促生雌瓜；傍晚以盖后1小时室温在18℃左右为好。后半夜温度不能高于13℃。寒冷季节在草苫外再盖一层膜，室内再架一道膜，可增产20%左右。连阴天也揭苫见光，放晴后勿大通风，以免闪秧。连阴天光弱，可叶面喷地力旺EM生物菌，平衡营养，根不萎缩。放晴后炼苗、拉苫和通风放气逐步加大。

收购标准　黄瓜瓜条顺直，弯度在1厘米以内，瓜长16～18厘米，粗2.5～3厘米，表面光滑，色泽油亮，无病斑，表面亮度好，无碰伤，无扎伤，无破裂，不空心，没虫眼，保留花朵。

投入产出估算 667平方米施秸秆或牛马粪7000千克，合350元，鸡粪1500千克90元，中后期追施人粪尿1000千克合40元，地力旺EM生物菌液一茬追10千克250元，固体50千克100元，45%矿物钾150千克330元，生物农药开支100元，膜100千克1300元，温室可用两作合700元（大棚可用3～4作，合350元左右），土地费300元，用工80个1600元，设施折旧900元，浇水200元，合计投入5910元。山西省新绛县蔬菜批发市场2012年6～10月份每千克1.4元，11～12月1.5元，1月～3月6元，4～5月1.6元，平均每千克2.5元左右，667平方米一茬产瓜2.2万千克，毛收入5.5万元，投入产出比1：9，净收入近5万元。延秋续早春两作，一茬栽培用料少50%，两作总产量3.2万千克，产值与越冬一大茬基本相同。2009年美国纽约市场黄瓜每千克36元人民币，2010年4月广东省深圳市有机黄瓜价每千克24元，普通黄瓜每千克12元，山西省新绛县每千克3元。

附 录

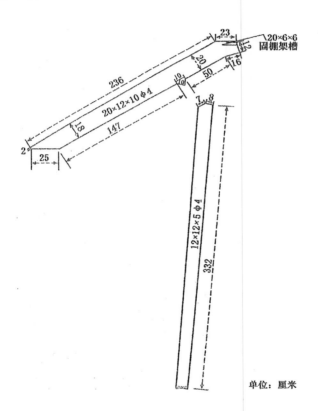

附图1 鸟翼形长后坡矮后墙生态温室预制横梁与支柱构件图

（摘自《有机蔬菜良好操作规范》2007年科学技术文献出版社，马新立著）

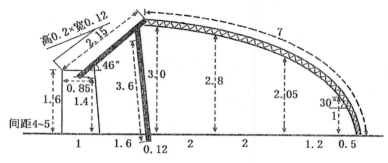

单位：米

注：

上弦：国标管外φ2.5厘米（6分管）　　下弦：φ12#圆钢　W型减力筋：φ10#圆钢

水泥预制立柱上端马蹄形，往后倾斜30°　　水泥预制横梁后坡度46°，上端设固棚架穴槽

附图2　鸟翼形长后坡矮后墙生态温室横切面示意图

特点：冬至前后室温白天可达28～30℃，前半夜18℃左右，后半夜
　　　最低12℃左右，适宜栽培各种喜温蔬菜。

结构：后墙矮，仰角大，受光面大。后屋深，冬暖夏凉。棚脊低，
　　　升温快。前沿内切角大，散光进入量比琴弦式多17%。跨度适
　　　当，安全生产。方位正南偏西7°～9°，冬季日照及光合作用
　　　时间增加11%。墙厚1米，抗寒贮热好。后屋内角46°，冬至
　　　前后四角可见光。

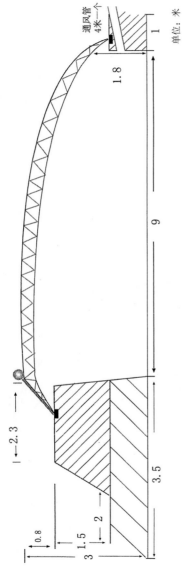

附图3　鸟翼形无支柱半地下式简易间温棚横切面示意图

单位：米

特点：

(1) 土地利用率70%；

(2) 昼夜温差大，适宜茄子、西红柿、黄瓜，彩椒等瓜果菜，高产优质；

(3) 造价是温室的2／3，抗风；

(4) 夏天便于通风排湿，适合早春、越夏、早秋栽培各种蔬菜；

(5) 微喷滴灌。

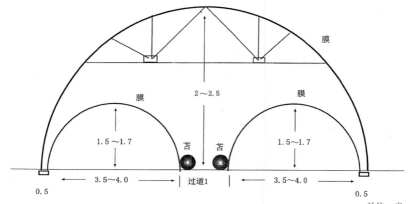

附图4　组装式两膜一苫钢架大棚横切面示意图

特点与用料：（1）南北走向；（2）大棚1寸钢管焊制，长6.5～7米；（3）小棚用厚1厘米，宽3.5～4厘米的竹片。

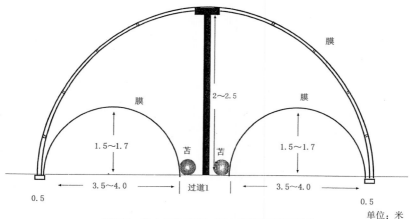

附图5　竹木结构两膜一苫大棚横切面示意图

特点与用料：（1）南北走向；（2）大棚竹杆粗头直径10厘米，长6.5～7米；（3）小棚用厚1厘米，宽3.5～4厘米的竹片；（4）立柱砼预制件10厘米×10厘米，内设4根4.5毫米的冷拔丝。

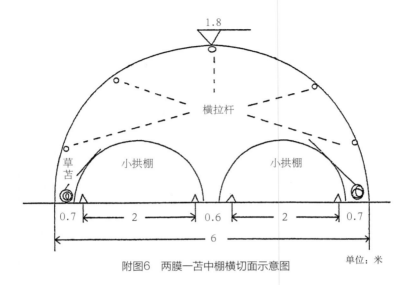

附图6　两膜一苫中棚横切面示意图

单位：米

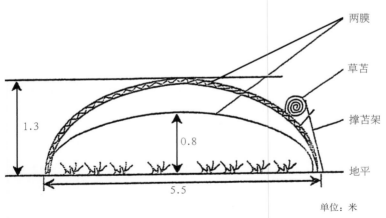

附图7　两膜一苫小棚横切面示意图

单位：米

附表1 有机肥中的碳、氮、磷、钾含量速查表

肥料名称	碳（C，%）	氮（N，%）	磷（P_2O_5，%）	钾（K_2O，%）
粪肥类 （干湿有别）				
人粪尿	8	0.60	0.30	0.25
人尿	2	0.50	0.13	0.19
人粪	28	1.04	0.50	0.37
猪粪尿	7	0.48	0.27	0.43
猪尿	2	0.30	0.12	0.00
猪粪	28	0.60	0.40	0.14
猪厩肥	25	0.45	0.21	0.52
牛粪尿	18	0.29	0.17	0.10
牛粪	20～26	0.32	0.21	0.16
牛厩肥	20	0.38	0.18	0.45
羊粪尿	12	0.80	0.50	0.45
羊尿	2	1.68	0.03	2.10
羊粪	12～26	0.65	0.47	0.23
鸡粪	20～25	1.63	1.54	0.85
鸭粪	25	1.00	1.40	0.60
鹅粪	25	0.60	0.50	0.00
蚕粪	37	1.45	0.25	1.11
饼肥类				
菜子饼	40	4.98	2.65	0.97
黄豆饼	40	6.30	0.92	0.12
棉子饼	40	4.10	2.50	0.90
蓖麻饼	40	4.00	1.50	1.90
芝麻饼	40	6.69	0.64	1.20
花生饼	40	6.39	1.10	1.90

肥料名称	碳（C, %）	氮（N, %）	磷（P_2O_5, %）	钾（K_2O,%）
绿肥类				
（老熟至干）				
紫云英	5～45	0.33	0.08	0.23
紫花苜蓿	7～45	0.56	0.18	0.31
大麦青	10～45	0.39	0.08	0.33
小麦秆	27～45	0.48	0.22	0.63
玉米秆	20～45	0.48	0.22	0.64
稻草秆	22～45	0.63	0.11	0.85
灰肥类				
棉秆灰	（未经分析）	（未经分析）	（未经分析）	3.67
稻草灰	（未经分析）	（未经分析）	1.10	2.69
草木灰	（未经分析）	（未经分析）	2.00	4.00
骨灰	（未经分析）	（未经分析）	40.00	（未经分析）
杂肥类				
鸡毛	40	8.26	（未经分析）	（未经分析）
猪毛	40	9.60	0.21	（未经分析）
腐植酸	40	1.82	1.00	0.80
生物肥	25	3.10	0.80	2.10

注：每千克碳供产瓜果10～20千克，整株可食菜20～40千克，每千克氮供产菜380千克，每千克磷供产瓜果660千克。

附表2　品牌钾对蔬菜的投入产出估算

2010年3月20日

品　名	每袋产量	目前市价	投入产出比
含钾50%的天然矿物钾	每50千克中可供产瓜果8000千克以上	每袋200元	1：40
含钾33%（含镁20%）（青海产）	每50千克袋可供产瓜果4126千克	每袋200元	1：20
含钾51%天然矿物钾（新疆产）	每50千克袋可产瓜果8000千克	每袋240元	1：33
含钾52%纯钾（俄罗斯产）	每50千克袋可产瓜果6700千克	每袋260元	1：25.7
含钾25%（含硅42%，稀土若干）（陕西合阳产）	每25千克袋可产瓜果625千克，硅可避虫，稀土增品质	每袋62元	1：10
含钾26%膨坐果（含磷）	每8千克袋可产瓜果268千克	每袋20元	1：13.4
含钾20%稀土高钙钾	每4千克袋可产瓜果122千克	每袋10元	1：12.2
含钾5%茄果大亨（含氮8%）	每袋2.5千克，叶弱用	每袋7元	宜缺氮时使用
含钾22%冲施灵（含镁氮磷）	每袋5千克，产果139千克	每袋20元	1：6.7

　　说明：按世界公认每千克纯钾可供产果瓜122千克、菜价按1元／千克计，因用地力旺EM生物菌液或肥，可分解土壤中的粗颗粒钾，可吸收空气中的氮，分解土壤和有机肥中的矿物营养。另参考了有机蔬菜禁用化学氮、磷肥的因素。

内容简介

本书由河南科技学院副教授陈碧华和国家蔬菜标准化示范县——山西省新绛县农业科技人员、农业科技专家、北京《蔬菜》杂志科技顾问马新立合作撰写。作者将开发整合的以有机蔬菜生产五大创新技术为核心的技术（即碳素有机肥+地力旺EM生物菌液+钾+植物诱导剂+植物修复素）在全国各地黄瓜生产上应用，一年两茬667平方米（亩）产3万～4万千克。此栽培模式在生产管理中能比过去使用化学技术成本降低30%～50%，产量提高0.5～1倍，而且产品符合有机食品出口标准要求，出口俄罗斯、日本、美国、韩国，并通过香港特区销往中东地区。本书所述有机黄瓜生产技术流程内容简洁、直观、详实，便于模仿操作，具有较强的先进性、科学性和可行性。

本书适宜广大农民、技术服务者及农资企业管理者参考学习。

定价：14.00 元

定价：13.00 元

定价：24.00 元

定价：22.00 元

定价：28.00 元

定价：29.00 元

定价：25.00 元

定价：28.00 元

定价：16.00 元

定价：13.00 元

定价：14.00 元